KB048244

"육아에도
달콤함이 필요해요"

치즈케이크
육 ◡ 아

치즈케이크
육·⌣·아

초판 1쇄 발행 2024년 6월 30일

지은이 착한재벌샘정
편집인 옥기종
발행인 송현옥
펴낸곳 도서출판 더블:엔
출판등록 2011년 3월 16일 제2011-000014호

주소 서울시 강서구 마곡서1로 132, 301-901
전화 070_4306_9802
팩스 0505_137_7474
이메일 double_en@naver.com

ISBN 979-11-93653-15-9 (13590)

엄마 하기 많이 힘들죠?

나 역시 두 아이를 키우면서 그 시간들을 지나왔기에

그대의 시간,

그대의 노력,

그대의 간절함을 알기에 토닥토닥⋯

정말 수고했고,

수고하고 있다는 것을 알기에 많이 고마워요.

나는 1987년 고등학교 과학 교사가 되었고, 결혼하고 두 아이의 엄마가 되고, 아이들과의 시간을 기록한 블로그 글들을 엮어 2002년 《기다리는 부모가 아이를 변화시킨다》를 출간하여 베스트셀러 작가도 되어보고, 꾸준히 책을 쓰며 교사, 엄마, 작가로서의 삶을 살고 있어요.

육아와 교사로서의 전문성, 그리고 자기계발을 '세 마리 토끼'라 생각하고 어느 것 하나도 놓치고 싶지 않은 마음에 갈팡질팡하기도 했어요. 그런데 그것들은 전혀 별개의 것이 아닌 하나, 나의 삶이라는 것을 깨달았어요. 그중 가장 깊고 든든한 밑거름은 육아였고, 나는 엄마로서의 시간을 통해 교사로서, 한 사람으로서 어떻게 살아야 하는가의 방향을 찾고 내 삶의 철학적 기반을 다질 수 있었지요. 그런 엄마와 함께 살던 두 아이는 독립하여 자칭 '꽤 괜찮은 사회인'으로 살아가고 있답니다. 팔불출 엄마 눈에는 '많이 멋진 어른'이 되어 가고 있고요.

코로나로 인한 온라인 개학 첫날, 왕관을 쓰고 모니터에 등장한 담임의 첫 모습에 중2 아이들은 순간 숨을 멈추었어요. 중1 입학식에 담임이 당의 한복을 입었다는 이유로 학부모로부터 이런 문자를 받기도 했지요.

"선생님의 모습에 놀라고 걱정이 됩니다. 아이들에게 관심이나 가질까, 저런 모습으로 학생들 복장 지도는 어떻게 할까, 하는 생각이 들었던 게 사실입니다."

관종이냐는 말을 종종 듣습니다. 선생 꼬라지가 저래서 애들을 제대로 가르치고 지도하겠느냐는 말도 많이 듣고요. 교사로서 두 아이의 엄마로서 수많은 선택을 하면서 살아온 시간들입니다. 학교에서는 교사인 나와 학생들이 함께 행복할 수 있는 것을, 집에서는 엄마인 나와 우리 두 아이가 함께 행복할 수 있는 것들을 선택하려 노력했어요.

코로나로 4월이 되어서야 개학하는 아이들에게 추억을 주고 싶어 왕관을 썼어요. 암울한 시절이었지만 왕관 쓴 선생님의 모습에 놀라고 웃었던 추억이 생기면 좋겠다는 바람에서요. 중국과 한복에 관한 논쟁 중 나온, 한복을 아무도 입지 않으면서 자기네 것이라 우기느냐는 말에 한복 좋아하는 사람이니 나라도 입어야겠다는 생각에서 한복을 입기로 했어요. 가끔씩이지만 한복 입고 출근하고, 한복 입고 강연하고, 한복 입고 여행하고. '로마 콜로세움에서 한복 입고 춤추기'라는 꿈도 이루었고요. 아이들에게 하고 싶은 일을 하면서 사는 엄마의 모습, 선생님의 모습을 보여주고 싶었어요. 즐겁고 행복하게 사는 어른의 모습을.

"선생님이 우리 엄마의 선생님이었다면서요? 진짜 신기해요."
모자의 담임, 모녀의 담임을 하는 경우가 종종 있어요. 아이들과 소통하지 못해 힘들어하기도 하고, 가출한 아이의 부모로 만나기도 하고, 가끔은 일명 '진상 학부모'의 모습으로 마주하기도 합니다. 그럴 때는 마음의 고단함이 수십 배입니다. 나는 80년대생 학부모들이 학생이었을 때도 교사였던 사람이기 때문입니다. 학부모가 되어 다시 만나게 된 20년 전, 30년 전 우리 반 학생들. 차마 웃으며 반길 수 없는 상황에서의 해후일 때의 슬픔은 더더욱 나를 힘들게 하지요. 이 책을 쓰게 된 이유 중 하나입니다.

이 책의 첫 글을 '83학번이 83년생에게'라는 글로 시작하는 이유는 그들이 학창 시절이었을 때 도움이 되는 교사이고 싶었던 것처럼 학부모가 된 지금의 그들에게도 여전히 도움이 되고 싶은 마음에서입니다. 그건 내가 함께하고 있는 지금의 중학생들을 위하는 길이기도 하니까요.

교사 연수를 가면 빠지지 않고 듣는 질문이 있습니다.
"요즘은 애가 많은 것도 아니라 부모들이 정말 정성 들여 키울 텐데… 힘들어하고 아픈 아이들이 더 많아지는 건 왜일까요? 우리 학교만 그런 걸까요?"

단지 한 학교만의 문제는 아닐 겁니다. 응급으로 정신과 입원이 필요하다는 진단을 받고도 병실이 없어, 대기자가 너무 많아 몇 개월을 기다려야 하는 참으로 가슴 아픈 현실입니다.

아이를 너무 모르는 부모님들. 설마 내 아이가 이럴 줄은 꿈에도 몰랐다며 극단적인 상황이 되어서야 아이를 제대로 보려 노력하는 부모님들. 마음이 아픈 아이들의 엄마에게 부탁을 합니다. 엄마가 변하고 성장하는 시간이 있어야 그 아이와 함께 갈 수 있다고.

초등학생을 넘어 중학생 부모님들에게도 육아서가 필요합니다. "육아서는 애가 어릴 때나 읽는 것이지, 학교 들어갔는데 무슨 육아서? 이제부터는 공부 관련, 입시 관련 정보를 얻어야지!" 하는 부모님들이 많습니다. 자녀들이 얼마나 힘든지 알고 도와주는 게 시급한데 그런 데는 관심이 없고 공부공부, 수능과 좋은 대학만 외쳐대는 부모님들이 많습니다.

그래서 새로운 꿈이 생겼어요. 내 아이 이렇게 키웠다는 개인의 이야기가 아니라 38년 차 교사로서 그동안 만났던 많은 엄마들의 질문과 고민들, 가장 가까이서 담임으로 과학쌤으로 관찰한 중1, 2 소녀들, 성인이 되어 독립한 두 딸과 '함께' 육아의 방향을 찾아보고 싶다는 꿈.

부모와 아이들 모두에게 나침반 같은 선물을 하고 싶다는 꿈을 꾸었고 그런 선생님을 돕겠다며 중1 아이들이 빼곡하게 써준 수십 장의 이야기들과 우리 딸들의 십대 시절의 기록들, 현재의 그녀들이 들려주는 이야기들이 합해져 세상에 나오게 된 소중한 결과물이 바로 이 책이랍니다.

자녀교육서는 아이를 잘 키우기 위함을 넘어 아이와 부모를 위한 자기계발서라 생각해요. 육아의 시간은 '아이와 나의 삶을 경영하는 최고경영자, CEO'로서 삶이니까요. 좋은 경영을 위해 필요한 지침서는 아이가 독립할 때까지 함께해야겠죠?

폼나는 명함 하나씩 만들기로 해요. 우리는 CEO니까요.

contents

프롤로그 엄마 하기 힘들죠? **4**

CHAPTER 00 83학번이 83년생에게

그대들이 옳아요 **16**

나는 어디에도 없는 것 같은가요? **22**

이혼을 꿈꿔보지 않은 부부가 있을까요? **26**

남의 집 애들은 다 잘 크는 것 같죠? **30**

학부모총회록? 내 아이 기 죽을까 봐 겁나나요? **32**

우리, 모성애결핍증 환자 하는 건 어때요? **36**

유산으로 SKY 캐슬을 물려주기로 해요 **40**

CHAPTER 01 따뜻한 기다림

(크림치즈 500g을 준비합니다)

코코아를 들고 걷지 못하는 아이 **50**

가문의 영광, 선도반장이 된 아이 **54**

내 아이 다이아몬드 수저로 만드는 비법 **60**

우리집 가난해요? **64**

선생님은 아이를 방치하시는군요? **70**

도대체 언제까지 기다려줘야 하는 거야? **74**

낄낄 빠-빠-빠-빠-빠-빠-빠-빠-빠 **78**

점쟁이 아니고 과학 쌤입니다 **82**

수달은 새끼를 사랑하지 않는 걸까? **86**

CHAPTER 02 달콤한 소통

(설탕 100g을 준비하고요)

입 다물고 들어가서 공부해 **94**

부모 사용설명서를 만드는 아이들 **100**

또 싸운다 또 싸워 **104**

밥도둑? 실물 깡패? 언어가 곧 삶이다 **110**

이유식보다 눈맞춤이 필요한 아이 114

영어 듣기는 100점인데 왜 우리말은 못 알아듣지? 120

세상에 재밌는 공부가 어딨어? 힘들어도 참고 해 124

영어유치원 나왔는데 영어 점수가 뭐 이래요 130

이 성적이 너에게는 어때? 134

그 집 애는 공부 잘하죠? 138

우리 집은 외동딸만 둘 142

CHAPTER 03 유연한 믿음

(달걀 4개가 필요합니다)

우리 아이, 집에서는 절대로 그러지 않아요 150

폰 그만하라고? 그럼 공부해야 되는데? 156

선생님, 제발 엄마한테 전화하지 말아주세요 160

12시간 공부시키면서 학생 인권은 개뿔 164

컨닝한 아이, 성적표를 조작한 아이 168

논술, 구술 준비도 빨리 시켜야 되는 거죠? 172

일단은 인문계에 가고 대학은 가야지 180

답지 보고 베끼면 금방 하잖아? 186

가정통신문, 니가 알아서 사인해 190

엄마와 아빠도 섹스를 해 194

조건 없는 사랑, 그 믿음이 만들어내는 마법 200

CHAPTER 04 단호한 수용

(생크림 250ml도 필요하고요)

전교 1등 한다고 해 **208**

모르는 사람에게 인사하기 싫어요 **212**

내가 안 버렸는데 왜 내가 주워야 해요? **216**

우리 집이 빙하 가옥 체험 학습장? **220**

층간 소음으로 윗집 초인종을 눌렀습니다 **224**

29명이 같이 읽은 책《미안해, 스이카》 **228**

가출을 꿈꾸는 아이들 **232**

우린 서로에게 어떤 가족일까? **236**

중1 소녀들의 편지 **240**

에필로그 아이 눈에 나는 행복한 어른일까? **249**

Smile　Kindness

CHAPTER 00

Yourself

83학번이
83년생에게

그대들이 옳아요

함께한 이탈리아 여행의 시작점이었던
인천공항 카페에서
아이스 아메리카노를 시켜 서너 모금만 마신
96년생 딸에게 아빠가 말합니다.
"다 마셔야지?"
"다 마셨어요."
"이렇게 많이 남았는데?"
"제가 먹고 싶은 만큼 다 마신 거예요."
"겨우 몇 모금 마시려고 샀어?"
"마시고 싶으니까 샀죠?"
"샀으니 다 마셔야지?"
"전 원하는 만큼 다 마셨어요. 더 마시고 싶지 않아요."

아빠의 관점은 돈을 주고 샀으니 그 돈 아깝지 않게 다 마셔야 한다는 것이었고, 96년생 딸의 관점은 원하는 만큼 마셨으니 효용 가치는 충분하다는 것이었습니다. 마시고 싶지 않은 걸 아깝다는 이유로 억지로 마셔서 효용 가치를 떨어뜨리고 싶지 않다는 것이었어요.

당황한 남편이 쳐다보길래 눈으로 대답했습니다. 당신도 맞고 아이도 맞다고. 그저 다를 뿐이니 아이의 말과 태도를 수용해야 한다고요.

남편의 선택은 어땠을까요?

이탈리아 여행을 가면서 남편에게 말했어요.

"이번 여행을 하는 동안 딱 한 가지만 부탁해요. 무언가 선택해야 하는 상황이 오면 무조건 아이가 옳다고 해주세요. 아이는 자신의 지식, 가치, 세계 안에서 최선의 것을 선택할 테니까요. 많은 부분에서 우리와 다를 테지만 수용해주세요. 언어를 비롯해 스마트폰 다루는 것 등등 우리보다 모든 면에서 잘할 테고요. 이번 여행을 통해 우리가 아이에게 줄 수 있는 가장 큰 선물은 자신의 계획과 선택으로 부모님과의 여행을 잘 진행한 성취감이라 생각해요."

남편은 아이를 향해 고개를 끄덕여주고, 자신이 시킨 따뜻한 라떼와 딸이 남긴 아이스 아메리카노를 번갈아 마셨답니다. "이 아까운 걸…" 하면서요.

자신의 의견을 정확하게 표현해준 딸도 고마웠고, 이해하지는 못하지만 수용은 해준 남편도 고마웠어요. 그렇게 시작된 세 사람의 여행은 서로를 잘 조율하면서 정말 행복했습니다. 남편은 아이의 선택과 여행 진행에 몹시 만족했고, 아이에 대한 신뢰가 더욱 커졌다며 기특해했어요.

헤어지는 공항에서 딸에게 말했습니다.

"이번 여행을 통해 엄마는 우리 딸을 존경하게 됐어. 여행하는 동안 발생한 예기치 못했던 많은 문제들에 대처하는 너의 순발력과 적절한 선택에 놀랐거든. 너무 멋있었어. 무한신뢰와 경의를 표해요."

83학번과 83년생은 직장 동료입니다. 83학번은 83년생이 하는 이야기에 이런 반응을 하곤 합니다.

"그래요?"

"오 오 오 ~~"

"어머, 그렇군요."

"아하아~~~"

83학번이 친구에게 말합니다. 83년생이 옳다고.

"그들이 옳아. 나도 처음에는 아닌 줄 알았거든. 우리, 옛날에 우리가 옳다고 생각했던 거 기억해? 선배들 행동이 이해 안 되고 부당해서 억울했던 시절. 그 시절 선배들에게 우리는 '요즘 것들'이었잖아. 한때 요즘 것들이었던 우리가 희망의 증거라고 생각해. 선배들과 우린 틀리다 맞다가 아닌 '다름'의 관계였던 걸 몰랐던 거지. 선배들도 한때는 누군가에게는 요즘 것들이었을 거고.

그때의 우리가 옳다고 믿었던 것처럼 지금 83년생 그들이 옳은 거야. 그래서 그들의 말에 귀를 기울이려고 노력해. 한때는 나도 요즘 것들이었지만 이제는 옛날 사람이 되어버려 노력하지 않으면 '다름'을 수용하는 것이 쉽지는 않기에 노력해야 해."

수능 감독을 가야 하는 교사들. 긴 시간과 높은 긴장감으로 인해 힘들기에 매년 감독관 선정에 어려움이 있는 게 사실이에요. 자원하는 사람 수가 모자라면 보통 나이 역순으로 정하곤 해요. 그런데 젊은 선생님이 그건 공정하지 못하다고, 뽑기를 하자는 의견을 제시했어요. 가장 놀란 것은 나였습니다. 우리 학교에서 가장 나이 많은 교사였고 수십 년 넘게 나이 적은 순서에 걸려 감독관을 했었는데, 이제 와서 뽑기를 하자니? 나와 비슷한 상황의 사람들도 분노했어요. 그런데 내가 했던 생각이었다는 게 떠올랐어요. 옛날의 나는 정말 부당하다고 생각했었거든요.

'단순히 나이가 어리다는 이유로 왜 매년 이렇게 불려가야 하지?'

하지만 그 시절의 나는 부당하다고 생각만 했지 부당하니 다른 방법을 생각해보자는 의견을 제시하지는 못했어요. 그저 나이 많다는 이유로 하루 쉬는 선배들이 밉고, 공정하고 합리적으로 일을 처리하지 않는다고 속으로 욕을 해댄 것이 전부였어요.

후배들이 옳다는 생각이 들었어요. 생각은 같지만 가만히 있었던 나와는 달리 표현하는 그들의 당당함이 좋았습니다.

"우리도 그랬잖아요. 이건 부당하다고. 나이가 벼슬이냐고? 그랬던 우리들이 내가 했으니 내가 있는 동안에는 바꿀 수 없다고만 한다면? 내가 손해를 볼 수는 없지 않냐는 생각이라면 그 어떤 것도 변화시킬 수 없다고 생각해요. 무조건 MZ 세대들의 말, 젊은 사람들 관점, 요즘 사람들의 생각이라

는 것으로 치부해버리면 안 된다는 생각이에요. 문제를 제기
했으니 그것이 문제라는 인식으로 함께 방법을 찾아갔으면
해요."

89년생, 96년생 두 딸의 아버지인 남편에게도 말합니다.
"아이들과 이야기를 할 때 아이들의 의견이 옳다는 관점
으로 들어주어요. 당신이 틀렸다는 것이 아니라 아이들은 우
리와는 다르다는 것, 다른 세대를 살고 있다는 것을 기억해
달라는 거예요."

그런데 그들이 옳다면서, 그대들이 옳다면서 나는 왜 이
글을 쓰기 시작했을까요?

나는 어디에도 없는 것 같은가요?

9개월 된 아기를 키우는 제자가 쏟아냅니다.

"하루종일 말도 안 통하는 아이와 있는 시간은
정말 고통이에요.

집안은 온통 아이로만 가득 차 있어요.

나의 몸뚱아리와 온 신경을 지배하고 있고,

집을 꽉 채우고 있는 물건들도 모두 아이 꺼고.

나는 없어요. 그냥 아이 엄마만 있어요.

내가 누구였는지

어떤 일을 하던 사람이었는지조차 까마득해요.

세상에 나온 지 1년도 채 안 된 저 작은 생명체가

30년을 넘게 산 나를 맘대로 하는 그 힘에 눌려

숨이 조여올 때는 정말 견디기 힘들어요.

선생님은 어떻게 사셨… 아, 애가 깼나봐요."

급하게 끊기는 전화.

아이를 키우는 일은 결코 쉽지 않습니다. 나도 답답하고 숨이 막힐 때가 많았어요. 정말 마음껏, 내 맘대로 숨 쉴 곳이 필요하더군요. 누군가에게 수고하고 있다, 애쓰고 있다, 위로받고 싶다는 생각, 그 기대가 나를 더 힘들게 했던 것 같아요. 내 기대와는 다른 반응과 결과들이 나를 더 절망적으로 만들던 시간. 내가 바라는 위로는 내 기대와는 달리 온전히 타인의 몫이라는 것을 알게 되면서 나 스스로를 위로할 줄 아는 것이 중요하다는 걸 알게 되었어요.

　그래서 책을 읽고, 글을 쓰기 시작했어요. 그럴 시간이 어디 있냐고 말할지 모르지만 살기 위한 몸부림의 시간들이었다는 표현이 맞을 것 같아요. 하루에 딱 30분이라도 나를 위한 시간을 가지는 것. 나를 위한 무엇인가를 하는 거.

　내가 원하는 것을 찾기 시작했어요. 나를 탐색하는 것부터 시작했어요. 나를 잘 알아야 제대로 된 선택을 할 수 있으니까요. 스프레이식 화장품은 손을 대지 않고도 바를 수 있다는 광고에 솔깃해서 구입했지만 눈을 꼬옥 감고 뿌려도 속눈썹이 화장품에 젖는 것과 눈에 들어가는 것을 막을 수 없고, 내가 원하는 부위에 원하는 양을 바를 수 없어 결국 친구들에게 선물로 주었답니다. 실패라고 말하지는 않아요. 덕분에 나에 관해 조금 더 알 수 있는 기회와 경험이었으니까요. 더 이상 스프레이식 화장품을 사지 않는 선택을 할 수 있게 되었으니까요.

내가 하고 싶은 것 중 작고 소소하지만 지금 당장 할 수 있는 것들부터 시작했어요. 최대한 목욕 시간을 즐기는 것, 좋아하는 향수 뿌리기, 앉은 자리에서 벌떡 일어서기만 하면 할 수 있는 훌라후프 돌리기, 아이를 업고도 할 수 있는 책 읽기, 최소한 하루에 책 10쪽씩은 꼭 읽기, 그리고 글쓰기. 책 읽기는 아이와 함께 읽는 그림책으로도 충분할 때가 많았어요. 아이를 키우면서 읽게 된 그림책이 철학책이라는 것을 깨닫게 되었고, 아이들이 고등학생이 되어서도 그림책을 같이 읽었고, 지금도 혼자서 그림책을 즐겨 읽는답니다.

글쓰기는 나에게 치유와 위로의 시간이 되어주었어요. 엄마로서의 시간들을 기록하기 시작하면서 새로운 세상을 만나게 된 거죠. 혼자 쓰고 혼자 읽던 나의 글을 조금씩 세상과 공유하기 시작했어요. 라디오, 신문, 백화점 사보 등등. 원고를 보낼 수 있는 곳이라면 어디든.

그 시간들이 나를 숨 쉬게 해주었고, 그 시간들을 통해 내가 정말로 원하는 것이 무엇인가를 알게 되었고, 둘째 아이가 태어나고는 인터넷이라는 세상에 발을 들여 블로그에 글을 쓰기 시작했지요. 90년대 중반에 시작했으니 농담 삼아 그러죠. 블로그 시조새라고. 그러면서 언젠가는 내 책을 출간하는 작가가 되고 싶다는 꿈을 꾸기 시작했어요. 그리고 정말 그 꿈은 이루어지더군요.

두 아이의 엄마로서 살아온 시간들은 내가 없는 시간, 나를 잃어버린 시간들이 아닌 나의 시간들, 내 삶의 시간이었다는 것을 딸에게 이야기해 줄 수 있었답니다.

너무 거창하지 않아도 되어요. 그대가 좋아하며 그대가 하고 싶은 것으로, 너무 큰 용기가 필요한 것 말고 내가 시작했었던 느긋하게 목욕하고 향수 뿌리기처럼, 하루에 책 10쪽 읽기처럼 지금 당장 할 수 있는 것으로 '숨통 트기'라는 목표를 세워보기로 해요.

이혼을 꿈꿔보지 않은 부부가 있을까요?

"우린 정말 사랑하긴 했을까… 라는
노래 가사가 이렇게 와닿을 수가 없어요.
어떻게 안 맞아도 이렇게 안 맞을 수가 있죠?
왜 결혼을 했는지 모르겠어요.
결혼 전에는 정말 이런 사람인 줄 꿈에도 몰랐어요.
애를 생각해서 살아야 하는 건지
지금이라도 이혼을 해야 하는 건지….
애도 이런 부부 밑에서 사는 게 괜찮은 건지.
애를 위해서라도 이혼을 해야 하나…
머리가 터질 것 같아요."

"남편분 어디가 그렇게 좋았어요?"

"나는 솔직히 돈 보고 결혼했어요."

"진짜요? 진짜 돈 보고 결혼했어요? 어떻게 그런 생각을 했어요? 정말 선택 잘하셨어요. 나는 왜 그때 그런 생각을 못 했을까요?"

"1980년대에 지방 국립대학을 다녔던 내 인생 반경에 돈 많은 남자를 만날 기회가 있었을까요? 남편이 돈 많은 남자가 맞긴 맞았죠. 내가 아는 주변 사람들 중에서는 가장 돈이 많은 사람이었던 것 같아요. 라면 말고 돈가스를 사줄 정도의 돈이 있는 사람이라 선택했는데 장학금 받은 걸 부모님 몰래 연애하는데 썼다는 건 결혼하고 나서야 알았지요."

세상 모든 가정은 다문화 가정이예요. 어떻게 그렇게 다를 수가 있는지. 문중 어르신들이 신혼여행 다녀온 새색시의 절을 받고 당신들 집으로 돌아가신다고 신혼여행은 무조건 1박 2일이어야 한다는 것을 비롯 모든 풍습이 너무도 달랐어요.

80년대 신혼부부의 로망이었던 제주도의 꿈은 물거품이 되고 1988년 12월 24일 새마을호 기차를 타고 부산으로 1박 2일의 신혼여행을 다녀와야 했답니다. 나는 갑자기 윤씨 문중 사람이 되었고 관계 형성이라곤 1도 되지 않은 시어머니와 시누들, 동서들이 나를 대하는 태도에 당황스러웠어요.

몇 년 연애를 했건만 결혼하고 나니 남편에게 그동안 내가 몰랐던 모습들이 얼마나 많은지 갑자기 딴사람이 된 것 같고 사사건건 부딪치며 엄청 싸워댔었죠. 그리고 내린 결론은 이랬어요.

"세상에 잉꼬부부는 없어. 어느 한쪽이 죽을 만큼 참아주거나 관심이 없거나."

우린 지금도 싸웁니다. 하지만 같이 잘 살아보려 노력합니다. 결혼 36년 차가 되면서 남편을 부르는 호칭을 바꾸었어요. "자기야~~"에서 "오빠~~"로.

남편은 은근 좋아하고 남편 친구들은 "니는 오빠가 돼가 쫌 잘해줘라. 저렇게 오빠 오빠 하잖아?" 하면서 부러워합니다. 여행지에서는 간혹 불륜커플로 오해하는 분들도 있어 재미있는 에피소드도 많이 생겼고요.

소소한 재미를 누리면서 일상을 즐겁게 만들어가려는 노력입니다. 결혼 유지는, 좋은 유지를 위해서는 서로의 노력이 정말 많이 필요하다는 걸 깨달았기 때문입니다.

간혹 결혼에 실패했다는 말을 듣습니다. 결혼이 성공과 실패의 문제는 아니라고 생각해요. 계속해서 결혼 관계를 유지하느냐, 더 이상 유지하지 않느냐의 차이이고 어느 쪽이든 많은 생각과 고민을 통한 선택일 테니 존중받아야 하고요.

남편과 이혼하고 아들과 홀로서기를 시작한 제자가 묻더군요. "선생님, 한부모가정의 뜻 아세요? 부모 중 한 사람만 있다고 한부모가정이라고 하잖아요. 그런데 다른 뜻도 있어요. 힌트는 우리나라에서 제일 큰 강. 쌤도 맨날 바로 가르쳐주지 않고 질문하니까 저도 질문."

"가장 큰 강은 한강인데… 그게 힌트?"

"한강의 '한'이 크다는 뜻이 있대요. 한부모는 한강처럼 크고 넓은 부모라는, 두 사람이 해야 할 일을 혼자서 하는, 그래서 한 사람이 두 사람 몫을 하는 크고 넓은 엄마나 아빠라고. 굳이 왜 남의 가정에 이름을 붙이는지 모르겠지만 참 위로가 되고 따뜻하게 느껴져요. 가족은 사람 수가 중요한 게 아니라 서로 사랑하지 않는 것이 문제라고 했던 거 기억하세요? 할머니와 둘이 살던 저에게 너무도 큰 위로가 되었었는데…. 지금 생각해보니 할머니는 진짜 큰부모, 한부모였어요. 그래서 용기를 낼 수 있었고요. 저도 잘해낼 수 있겠죠?"

이혼을 꿈꿔보지 않은 부부가 있을까?

남의 집 애들은 다 잘 크는 것 같죠?

엄마와 갈등이 심해 집에도 학원에도 가기 싫다며 남아서
할 일이 있으면 자기에게 다 시키라고,
청소도 오래오래 시키라는 아이와 이야기를 나누어 보니
아이 마음에 상처가 너무 깊은 상황.
아이 엄마를 만나 나눈 대화 중 일부.
"옆집 아이 키우듯이 키워보면 어떨까요?"
"그게 무슨 말씀인지?"
"옆집 엄마가 애가 허락도 없이 학원을 빼먹어서 속상하다며
가만두지 않겠다고 하면 뭐라고 말해줄 것 같으세요?"
"남의 집 애를 제가 뭐라고 하겠어요. 애들이 그럴 수 있죠.
우리도 클 때 엄마 몰래 딴짓하고 그랬잖아요.
큰 문제 아니니 웬만한 건 눈감아주고.
그 집 아들 착하고 말도 잘 듣는데 엄마가 믿어주라고 해야죠."
"그렇죠? 그런데 내 아이가 그랬어요.
그러면 지금처럼 이야기할 수 있을 것 같으신가요?"

아이들은 종종 거짓말을 해요. 어른들 눈에는 거의 다 보이는데 말이죠.

　정직은 매우 중요한 가치예요. 남에게 상처나 피해를 주는 거짓말은 매우 나쁘고 바르게 가르쳐야 하지만 지금 이야기의 본질은 그게 아니랍니다. 아이들이 하는 거짓말에는 모두 나름의 이유가 있어요. 거짓말이 나쁘니 절대 하면 안 된다고 정직만 강조하다 보면 왜 거짓말을 하게 되었는지 모른 채 아이의 행동만 탓하며 비난하게 된답니다. 그러면서 아이들이 가장 싫어하는 비교를 하게 되고요.

　"다른 집 애들은 잘만 하는데 왜 너는 이 모양이야? 엄마가 누구처럼 1등 하라는 것도 아니잖아. 너 진짜 이럴 거야?"

　남의 집 아이들은 다 잘 크는 것 같다고요? 어머니도 내 아이 때문에 속상하고 힘든 것은 속속들이 이야기 잘 안 하잖아요? 그 집들도 그래서 그렇게 보일 수 있어요.

학부모총회록? 내 아이 기죽을까 봐 겁나나요?

친구들은 우리 엄마를 무척 부러워하는데,
바로 옷 입는 스타일과 내가 하는 말 때문이다.
나는 엄마한테 혼나면 친구들에게 투정부리기도 하지만 대
체로 자랑을 많이 하는 편인데, 예를 들면 내가 해달라는 것
을 다 해주시고 말하는 것도 다 들어주고 요리를 잘한다든
가 나를 위해주는 것, 또 신세대 같은 엄마에 요즘 젊은 엄마
못지않다고 자랑할 때마다 다들 부러워하고는 하는데, 가끔
시험 감독이나 학부모 공개 수업 같은 걸 오실 때마다 엄마
의 의상에 대해 아이들은 놀란다.
우리 엄마의 패션 취향은 나와는 많이 다른데, 호피 무늬를
입을 때도 있고 어깨 뽕을 굉장히 좋아하시는 데다가 캉캉
치마 같은 것도 다 소화해내신다.
친구들에게 가장 큰 인상을 안겨주었던 것은 바로 파란 바
지였다. 나는 워낙 그런 모습을 자주 보니 별로 큰 인상은 없
었는데 고등학교 친구들은 다들 나의 엄마 하면 '파란 바지'
가 제일 인상이 강렬했다며 패셔니스타라고 부러워한다.

- 딸이 고등학교 때 쓴 글 중에서

"친구들이 저보고 공부를 잘하는 것도 아닌데 엄마가 학교 오는 거 괜찮냐고 물어요."

"그래서 너는 어떻게 대답했니?"

"괜찮다고 했죠. 학교가 뭐 공부만 하는 곳인가요? 저는 학교 다니고 있고, 그리고 엄마는 제가 성적이 별로여도 저를 부끄러워하지 않으니까. 안 괜찮을 게 없잖아요."

직장을 다녔지만 아이들 학교 행사에는 최대한 참여하려 노력했어요. 아이의 말처럼 공부를 눈에 띄게 잘하지 못해도 당당하게 엄마로서 학교에 간다는 것을 보여주고 싶었기 때문이에요. 내가 아이를 키우던 시절에도 아이 성적이 엄마들 사이에 '권력'이라는 말이 있었어요. 실제로 엄마들 모임에 몇 번 참여해보고 권력 구조가 존재하는 걸 경험했고, 학교 행사에는 참여하지만 엄마들 모임에는 가지 않았어요. 엄마들 모임에서 정보를 얻는 것보다는 내 아이와 함께 시간을 보내며 내 아이에 대해 조금 더 아는 게 낫다는 결론이었어요. 오랜 시간 교사로 근무하면서 '정보력에서 밀리거나 내 아이가 친구가 없을지도 모른다는 불안감에 불편해도 모임에 나간다'는 분들을 많이 만나보았고요.

교직 생활 37년 차에도 중1 소녀들의 담임을 할 정도로 담임을 많이 맡으면서 아이들의 친구 관계를 세심히 살피는 편인데 엄마들의 친분과 아이들의 교우관계의 친밀도는 크게 영향을 받지 않는다는 것도 알게 되었습니다.

딸의 친구들에게 가장 인상적이었던 파란 바지. 그날 나는 검은색 가죽 재킷에 파란 바지를 입었어요. 질 좋은 양가죽 재킷은 남편을 졸라 큰맘 먹고 생일 선물로 받은 건데 아이들이 기억하는 건 비싼 재킷이 아니라 시장에서 산 값싼 파란색 바지였어요. 이런 대화가 상상이 되더군요.

"저 파란 바지 누구 엄마임?"

"윤○○ 엄마래."

"허얼~ 대박. 전교 1등 엄마가 아니고?"

아이들의 가장 큰 관심은 공부도 티 나게 잘하지 못하는 아이의 엄마가, 전교생이 다 기억할 정도로 눈에 띄는 파란색 바지를 입고 '학교에 왔다'는 사실 아니었을까요?

운전하던 시절이라 가방은 차에 두고 다녔어요. 강연을 듣거나 수업 참관을 하는데 가방은 걸리적거리기만 하잖아요. 요즘 예식장 갈 때도 가방을 잘 들지 않아요. 지갑도 폰 속으로 들어가버린 세상이니 폰만 들고 가니까 아주 편하답니다.

학부모총회록이 걱정이라면, 어떤 옷을 입을지 어떤 가방을 들지 고민하기 전에 자신을 한번 들여다보는 시간을 가져보면 어떨까요?

'내가 다른 사람들이 무엇을 입고 무엇을 들고 무엇을 신었는지에 관심을 갖고 있기 때문에 다른 사람들이 나를 어떻게 볼까에 신경이 쓰이는 것이 아닐까?'

내가 세상을 보는 방식으로 아이도 세상을 보게 된다고 생각해요. 기죽지 말기로 해요. 내 아이를 위해 총회록을 마련해야 한다고 생각한다면 아이도 자신의 차림새로 스스로를 평가하면서 일명 등골브레이커를 원하게 될지 모르니까요.

직장이나 처한 상황이 다양하겠지만 조금 힘들더라도 시간을 내어, 내 아이가 공부를 잘하건 못하건 아이의 학교생활이 어떤지 교실에서의 모습이 어떤지 보러 갔으면 해요.

다른 사람들이 입고 든 것을 보러 가지 말고, 다른 사람들에게 보여줄 것이 없어서 망설이지 말고, 단순하게 생각하면 어떨까요? 가장 중요하고 소중한 내 아이를 보러, 내 아이에 대해 조금 더 알기 위해, 내 아이에게 도움이 되는 교육을 받으려고 학교에 가는 거니까요. 학교에는 자주 갔으면 하는 부탁을 해봅니다.

우리, 모성애결핍증 환자하는 건 어때요?

엄마는 참 간결하시고 끊음이 정확하신데
그래서 상처를 많이 받았다.
가장 상처를 많이 받았던 말은
'집 나가고 싶으면 나가, 안 찾으니까.'였다.
맨날 "너 없었으면 어쩔 뻔했니?" 하면서,
내가 집을 나가도 신경 안 쓰고 필요도 없다는 듯이 들렸다.
그런데 이제는 나가고 싶어도 돈 없고 잘 곳 없으니
치사해도 참고 붙어 있자라고 생각한다.
엄마가 나를 상당히 생각하고 있는 걸
잘 알게 되었기 때문이다.
엄마 인생에서 제일 잘한 일은 '결혼'이고 (알고 있었다)
제일 감사한 일은 '내가 엄마 딸로 태어난 것'이라고 하셨다.
그래서 그 말을 믿고
가끔 상처 되는 일이 생겨도 이겨내 보려고 노력한다.

— 딸이 고등학교 때 쓴 글 중에서

나는 언제나 좋은 엄마였던 것도, 아이들에게 절대로 상처 주지 않는 완벽한 엄마도 아니었답니다. 적지 않은 시행착오를 지나온 시간들이었어요. 출산하고 아이를 처음 만난 순간은 가슴 벅참보다는 걱정이 앞섰고, 불안감이 온몸을 짓누르는 것 같았어요.

　'이 아이를 어떻게 키우지? 어떤 엄마가 되어야 할까? 나름 준비를 한다고는 했는데 책으로, 이야기로 배운 것들이 현실에서 제대로 적용이 될까?'

　엄마라는 이름만으로도 버거운 나에게 세상은 너무 많은 것을 요구하더군요. 엄마라면 당연히 이래야 한다, 이 정도는 해야 한다고 강요하는 것 같아 숨통이 조여왔어요. 그래서 결단을 내리고 세상에 알렸습니다.

　"나는 환자입니다. 모성애결핍증 환자입니다. 아이를 낳고 엄마가 되면 모성애가 저절로 생긴다는데 아무리 생각해도 나는 그러지 않은 것 같으니 이건 분명 질병이고 나는 환자입니다. 그러니 나에게 엄마니까 당연히 이래야 한다는 것을 기대하지 말아주세요. 아이를 사랑하지만 나는 희생이라는 단어를 싫어합니다. 누군가의 희생으로 행복해진다? 그건 너무 폭력적이잖아요? 행복의 질이 조금 떨어져도 같이 행복할 수 있는 길을 찾아보겠습니다. 나도 아이도 함께 행복할 수 있는 길을. 내가 할 수 있는 만큼 할 테니, 나름 최선의 방법을 찾으며 가도록 노력할 테니 세상의 잣대로, 당신들의 잣대로 나에게 요구하고 나를 판단하지 말아주세요."

시조새라 불릴 정도로 빨리 시작했던 블로그 이름도 '모성애결핍증 환자의 아이 키우기'였으니 세상을 향한 대단한 선포였던 거죠.

엄마로서 어떻게 살 것인가를 선택한 나는 좋은 엄마보다는 '아이와 함께 행복한 엄마'이고자 노력하며 살았고, 지금도 그렇게 살아가고 있답니다.

아이가, 아이의 꿈이 나의 꿈이 되지 않는, 아이와 내가 각자 자신의 꿈을 꾸며 함께 따뜻한 동행을 하고 싶다는 생각으로 살아왔고, 40년 지기 절친은 내게 이렇게 말합니다.

"세상에 별나고 극성인 엄마는 많지만 내가 아는 엄마들 중에서는 니가 제일 극성이야. 너만의 방식으로 몹시도 극성인 엄마. 제일 부러운 건 니네 아이들이 어릴 때도 신나고 즐겁게 살았고, 십대 시절에도 그랬고, 지금 어른이 되고 독립해서도 자기들 하고 싶었던 일 하면서 살고 있다는 거야. 그때는 니가 이해 안 됐거든. 니가 왜 애들을 서울대 수석을 만들려고 하지 않는지. 안타깝기도 하고 후회할 거라고도 생각했었어. 솔직히 나는 우리 애를 어릴 때 실컷 놀게 하지 못한 게 너무 후회돼. 애가 갑자기 의논도 안 하고 직장을 그만뒀을 때 억장이 무너졌었어. 내가 지를 어떻게 키웠는데… 그 좋은 대학, 남들 부러워하는 직업을 갖게 하려고 애썼던 내 시간들이 너무 억울하고 분했어. 그런데 아들이 그러는 거야. 엄마 기대에 따라 사느라 너무 힘들었다고. 엄마 말이 옳다고 믿어왔는데 하나도 안 행복했다고. 그래서 태어나 처음으로 자신을 위한 선택을 했다고. 요즘 애 얼굴을 보면 미안함과 안도감이 동시에 생겨서 내 감정이 묘해. 애 얼굴이 그렇게 편할 수가 없어. 이렇게 잘 웃는 아이였던가 싶은 게."

담임을 하면 학기 초에 상담을 위한 기초 자료를 수집합니다. 부모님에게 드리는 질문지에 아이와의 소통 정도를 알고 싶어서 아이들에게 하는 것과 거의 비슷한 질문을 하는데 마지막 꿈에 관한 질문, "부모님의 꿈은 무엇인가요? 아이의 꿈이 아닌 엄마나 아버지의 꿈을 적어주세요," 라고 하면 많은 부모님들이 "아이들 건강하고 하고 싶은 일 할 수 있도록 뒷바라지하여 잘 키우는 것"이라는 대답을 보내주신답니다.

어떤가요? 그대는 어떤 대답을 할 것 같은가요?

유산으로 SKY 캐슬을
물려주기로 해요

구체관절인형 옷 디자이너이자
자신의 브랜드로 스튜디오 겸 숍을 운영하는 첫째와
프리랜서로 자신의 일을 따로 하면서
언니 사업에 필요한 스튜디오 소품 제작과
인테리어를 담당하고 있는 둘째.
밀려드는 주문에 바쁘다는 비명을 지르는 터라
남편은 신신당부를 합니다.
"일주일에 한 번은 무조건 쉬어야 해.
잘 된다 싶으면 자꾸 더더~ 하면서 욕심이 생길 수 있어.
욕심내서 무리하다 보면 니가 좋아하는 그 일이 싫어지고
너를 힘들게 할 수도 있어. 당장 수익이 좀 적어도
잘 쉬면서 너를 챙기면서 해야 니가 좋아하는 그 일을
오래오래 즐겁게 할 수 있으니…
아부지 부탁 꼭 들어야 해.
우린 너를 성공하라고 키운 것이 아니라
행복하라고 키운 것이라는 걸 기억해주기 바래."

"이번 주는 언제 쉴 거야?"

남편은 딸에게 매주 전화를 합니다. 일을 할 때 가장 행복하고, 일이 자신의 삶의 원동력이라는 딸이 자칫 일에 너무 열중하여 자신을 돌보는 일에 소홀할까 봐 늘 경계를 하게 하기 위해서지요.

우리 딸들에게 가장 고마운 것은 둘다 자신이 좋아하는 일을 하면서 살아가고 있다는 것이랍니다.

가끔 학부모 대상 강연을 가면 물어요.

"작가님 자녀분들은 스카이 나왔나요?"

나는 망설임 없이 대답합니다.

"네, 저희 아이들은 스카이 나왔습니다."

그리고 덧붙이지요.

"첫째는 연대, 둘째는 계대, 대구에 있는 계명대를 나왔습니다. 계명대도 K로 시작하니 스카이 나온 거 맞지요. K가 꼭 고대라는 법이 있나요?"

엄마가 당당해야 아이도 당당하다!

엄마 샘정의 슬로건입니다. 아이는 엄마의 눈을 통해, 입을 통해 자신을 인식할 때가 많으니까요. 아이들의 삶의 목표가 대학이면 안 되잖아요. SKY 대학도 좋지만 SKY 인생이었으면 해요.

Smile 자신의 삶을 생각하면 저절로 미소가 번지고

Kindness 자신과 타인에게 친절하고 좋은 사람이며

Yourself 자신의 삶의 주인공

아이만 SKY 인생으로 만들면 될까요? 엄마도 함께 SKY 인생이어야 하잖아요.

앞에서 그대들이 옳다고 이야기했었죠? 그대들이 옳다면서 이 글을 쓰는 이유에 대해 이제 답할게요.

치즈케이크 때문이랍니다. 엉뚱한가요?

치즈케이크 중에서도 바스크 치즈케이크를 좋아해요. 좋아하니 직접 만들어보고 싶었어요. 어려운 줄 알았는데 재료도 간단하고 방법도 쉬워서 나의 시그니처 요리 중 하나가 되었답니다. 치즈케이크를 만들면서 문득 이런 생각이 들었어요.

'이거… 아이를 키우는 것과 비슷하네?'

그래서 탄생한 것이 바로 '치즈케이크 육아'랍니다.

사진 찍을 때 웃으라는 말 대신 치이즈으~~ 하는 것처럼, 아이와 부모가 함께 웃을 수 있는 육아. 나와 내 아이 모두 SKY 인생을 만드는 데 있어 간단한 레시피처럼 그리 많은 것이 필요하지 않답니다. 기본적인 레시피가 있지만 상황에 따라 조금씩 바꿀 필요도 있고, 바꾸어도 괜찮아요.

두 아이를 키운 개인적인 경험에 38년째 학교 현장에서 아이들과 함께하면서 얻은 수많은 데이터들을 통한 믿음으로 찾은 치즈케이크 육아. 육아도 치즈케이크처럼 부드럽고 맛있을 수 있다는 거, 궁금하지 않나요?

걱정하지 말아요. 정말 맛있는 케이크를 만들고 그보다 더 맛있고 부드러운 육아를 할 수 있을 테니까요.

바스크 치즈케이크를 만들기 위한 준비물

크림치즈 500g, 설탕 100g, 달걀 4개, 생크림 250g

볼, 저울, 계량컵, 주걱, 거품기, 원형 케이크틀 2호, 종이호일

"나는 요리에 소질이 없어서."

"우리 집에는 오븐이 없어서."

"케이크 틀까지 사가며 굳이 집에서 만들어야 할까?"

"그거 만들 시간에 차라리 다른 걸 하는 게 낫겠어."

혹시 이런 생각이 드나요?

"나는 아이를 키울 자신이 없어."

"지금 경제 능력으로는 힘들어."

"소소하게 필요한 것들이 얼마나 많은지."

"아이를 낳는 것보다 나를 위해 사는 게 더 가치 있지 않을까?"

이런 생각은요?

그럼에도 불구하고 아이와 함께하는 길을 선택한 그대.

아이와 함께 웃으며 먹을 수 있는 치즈케이크를

함께 만들어보기로 해요.

Smile Kindness

CHAPTER 01

Yourself

따뜻한 기다림
+크림치즈 500g+

크림치즈 500g을 준비합니다

이제 치즈케이크 만들기를 시작해볼까요?

냉장고에 있는 크림치즈 500g을 실온에서 녹여주세요.

많은 레시피들이 400g을 기준으로 하고 있는데 시중에 판매되는 것은 대부분 500g. 애매하게 100g 남는 게 싫어서 500g으로 나만의 레시피를 만들었어요. 쉽고 간단해야 치즈케이크를 계속 만들고 싶어질 테니까요. 아이를 키우는 일도 같다고 생각해요.

너무 어려워 말고 내 아이에게 맞게.

크림치즈 500g을 볼에 넣고 기다리면 됩니다.

볼의 크기는 어때야 할까요? 재료들을 다 넣고도 넘치지 않을 정도로 넉넉하면 좋겠죠? 부모의 품도 넉넉하면 좋잖아요.

언제까지 녹여야 할까요? 얼마나 기다리면 되는지 궁금하죠?

조급하면, 아직 냉기가 있는데 다음 단계로 넘어가면 맛있는 치즈케이크를 얻을 수 없다는 것을 경험을 통해, 몇 번의 시행착오를 통해 배웠어요. 육아도 마찬가지고요.

계란과 생크림도 함께 꺼내 놓으세요. 따뜻한 기다림이 필요해요.

저울과 계량컵은 필수. 요리용 온도계가 있다면 좋지만 없어도 전혀 문제 되지 않아요. 모든 것이 있어야 한다는, 완벽하게 준비되어 있어야 한다는 생각을 내려놓기로 해요. 꼭 필요한 것은 미리 준비를 해두고, 하다 보면 있으면 좋은 것과 굳이 없어도 되는 것들을 선택할 수 있는 힘이 생긴답니다. 그때 가서 필요에 따라 갖추어도 충분해요.

꼭 오븐이 있어야 하는 건 아니에요. 에어프라이어도 괜찮아요.
반죽이 부풀어 오를 것을 생각해서 용량이 큰 것을 사용하거나 재료의 양을 줄이면 되겠지요.
크림치즈는 실내 온도에 따라 다르지만 보통 1~2시간 정도 실온에 두면 되는데 조금 더 빨리하고 싶다면 중탕이나 전자레인지를 사용하면 되겠지요. 나는 그렇게 부지런한 사람이 아니라 그냥 둡니다.

아이를 키우는 것도 엄마의 조급한 마음을 내려놓고
아이의 속도대로 갈 수 있도록 기다려주는 것이
필요해요.

코코아를 들고 걷지 못하는 아이

"아이가 스스로 할 때까지 기다리다 보면 답답하지 않아요?
남보다 앞서가도 시원찮은 판에."
학부모 상담으로 마주한 엄마들이 자주 말합니다.
"앞서가는 것까지는 바라지도 않아요.
그냥 적어도 평균은 했으면 하는 게 큰 욕심인가요?
도대체 왜 이렇게 안 따라주는지.
정말 속이 터져 죽을 것 같아요.
그러다 보니 매일 싸워요.
저도 우아하고 좋은 엄마이고 싶죠.
근데 아이만 보면 속에서 이만한 불덩이가 치밀어 올라요.
어떻게 저렇게 태평한지. 하고 싶은 것도 없고
하려는 의지도 없고. 잔소리를 안 할 수가 없어요.
그러니 또 싸우게 되고. 싸움도 아니죠.
저 혼자 일방적으로….."

아이들과 여행을 갔을 때입니다. 아침에 바닷가 산책을 나갔다가 마침 자판기가 보이길래 나는 커피, 큰아이는 율무차, 작은아이는 코코아를 한 잔씩 뽑아 들었어요.

　별생각 없이 몇 걸음 가다 보니 작은아이가 곁에 없더군요. 아이는 코코아를 마시느라 자판기 부근에서 걸음을 떼지 못하고 있었어요. 어서 오라고 말하자 작은아이는 컵을 들고 무척이나 조심스럽게 두어 발짝 떼더니 코코아를 마시기 위해 다시 멈춰 섰습니다. 끝없이 펼쳐져 있을 모래사장과 그 위에 아이와 함께 적어볼 이야기들을 상상하니 마음이 조급해지더군요. 아이 곁으로 밀려왔다가 다시 멀어지는 신기한 파도도 보여주고 싶고, 갈매기도 보여주고 싶었어요. 게다가 오징어잡이 배를 보고 얼마나 신기해할까 하는 상상에, 조개껍질을 두 손 가득 주워주어야지, 아이는 그것으로 무엇을 만들고 싶어 할까 하는 설렘까지…. 그런 것들을 어서 보여주고 싶어 하는 나와는 달리 그 순간 그 아이가 가장 하고 싶었던 건 코코아를 마시는 것이었습니다.

아이가 코코아를 다 마실 때까지 기다려주는 그 몇 분이 생각보다 지루하게 느껴졌어요. 아이는 조금씩 아껴 마시며 입맛을 다시고, 다 식은 것 같은데도 후후 불어가며 코코아 마시기를 즐기고 있었지요. 코코아에 코를 박고 몰입해 있던 아이가 문득 무척 행복한 모습으로 고개를 들어 나를 바라보았습니다. 아이와 눈이 마주치는 순간 "어서 가자. 빨리 바다 봐야지."라는 말이 쑤욱 들어가버리더군요.

뜨거운 커피를 마시면서도 잘 걸어가는 나를 따라 걷기를 재촉하기보다 코코아를 마시느라 꼼짝 않고 서 있는 아이를 기다려줄 수 있는 여유를 다시 한 번 마음에 새기게 되었어요. 언젠가는 아이도 코코아를 마시며 나와 나란히 걷게 될 것이고 그러다가 나를 앞서 걸어가는 날도 오겠지. 아직은 아니라는 생각이 들었어요.

나는 그 바닷가에서 큰아이와 함께 공기놀이를 하려고 다섯 개의 예쁜 돌을 주워왔어요. 너무 커도 안 되고 너무 작아도 안 되고, 손 안에, 내 손이 아닌 큰아이의 손에 다섯 개의 돌이 알맞게 잡히는 것으로 신중하게 골랐습니다.

그렇게 공깃돌을 고르면서 큰아이 손의 크기를 곰곰 생각해보았어요. 생각으로는 안 돼 아이의 손을 유심히 살펴보다가 결국에는 아이의 손과 내 손바닥을 마주 대어보았어요.

'어느새 이렇게 컸지?'

큰아이도 코코아를 마시며 걷지 못하던 날이 있었겠지요. 그런데 율무차를 들고 나보다 앞서 걸어가 파도에 발을 담그고 까르르 웃고 있는 아이. 코코아를 마시며 걷지 못하는 작은아이도 언젠가는 나를 앞서 걸어가는 날이 오리라는 믿음. 언니를 위해 고른 공깃돌을 두 개만 집어도 손에 가득 차는 작은아이의 손도 언젠가는 내 손보다 커지는 날이 오리라는 생각에 저절로 미소가 지어지더군요.

코코아를 마시며 걷지 못하는 작은아이를 기다려주는 일과 큰아이의 손에 맞는 공깃돌을 고르며 지금 아이의 손의 크기를 아는 엄마가 되어야겠다는 생각…. 여행은 두고두고 내게 깨달음을 주었답니다.

아이들과 함께 가는 길은 많은 기다림이 필요하지만, 결과만을 기다리지 않기로 했어요. 자신을 기다려주는 따뜻한 눈길을 느끼면서 아이들은 스스로 변화를 향한 의지를 다지게 될 것이라 믿었기 때문이지요. 그렇게 성장하는 과정이 바로 아이에게 참다운 행복이리라 생각하면서요.

"아이보다 딱 한 걸음만 앞서가자. 그리고 기다려주자."

어느새 아이는 코코아를 마시며 나와 나란히 걷고 있답니다. 때론 나에게 손짓을 하기도 하지요.

"엄마, 얼른 좀 오세요."

가문의 영광, 선도반장이 된 아이

5학년 가을 운동회. 아이는 사물놀이에서
장구 칠 사람에 지원했다 떨어졌어요.
그런데 장구 연습을 하던 아이가 힘들다고 그만두면서
두 번째 기회가 왔어요. 또 떨어졌어요.
운동회를 3일 앞두고 장구를 치는 아이가 다치는 바람에
다시 뽑아야 하는 일이 벌어졌고 또 지원한 아이.
두 번이나 떨어지는 경험을 했으니
마음이 많이 상했을 텐데 아이는 포기하지 않고
그 기회를 자신의 것으로 만들더군요.
남은 시간은 겨우 3일. 아이는 밤늦도록
혼자 남아 연습을 했고 손바닥에 물집이 생긴 손으로
운동회 날 고깔모자를 쓰고 신나게 장구를 쳤답니다.
그날의 아이는 눈부시게 빛났어요.
공연을 마치고 땀범벅이 되어
나를 향해 달려오는 아이의 얼굴은
하고 싶은 일을 했다는 만족감으로 가득했답니다.

우리 아이들이 살아갈 세상은 어떤 곳일까요? AI 시대에 어떤 태도가 필요할까요?

자발성과 도전정신이라 생각해요. 스스로 뭔가를 하려는 적극적인 성향은 옆에서 누가 채근하거나 억지로 이끈다고 나오는 것이 아니라 자기 스스로 기를 수 있도록 옆에서 도와주며 기다려주어야 해요. 부모의 역할은 다양한 경험의 장을 만들어주는 것이고요.

아이에게 초등학교 6년 동안은 자유를 주자고 스스로에게 약속했었어요. 아이가 하고 싶은 일은 모두 해볼 수 있는 기회를 주겠다 다짐했지요.

청소년과학경진대회 대구시 대회가 열린 날, 아이는 전자 키트 부문에 남부교육청 대표로 참가했어요. 학교에서 1등, 남부교육청 대회에서도 1등을 한 아이는 대구시 대회에서도 좋은 성적을 거두어 전국대회에 꼭 나가고 싶다며 정말 열심히 준비했답니다.

대회를 앞두고 학교 선생님으로부터 전화가 왔어요.

며칠 전 학교에서 시험을 치렀는데 아이가 과학은 100점을 받고 다른 과목도 잘 봤다고요. 아이에게 칭찬을 해주면서 시험공부 할 시간이 없었을 텐데 언제 공부했냐고 물으니 자기는 공부 안 하고 시험을 친다고 하더라며 정말 그런지 선생님이 내게 묻더군요. 아이들이 이런 대회에 참가하고 싶어 해도 공부할 시간을 빼앗길까 봐 엄마들이 못하게 하는 경우가 많은데 대회에 참가시키는 것도 그렇고 시험공부도 시키지 않는다니 참 대범한 엄마라고 하시더군요.

아이에게 공부하라는 말 대신 해보고 싶은 것을 모두 해보라는 부탁만 했지요. 아이는 학교 행사에 모두 참가했고 대회라고 이름이 붙은 것에는 거의 빠지지 않고 나갔어요. 시립합창단 오디션 원서도 받아오고, 그림대회, 글쓰기대회, 과학실험대회에도 끊임없이 도전을 하더군요. 비록 소질이 없어서 결과가 좋지 못한 경우도 있었지만, 일단 참가하면 최선을 다하는 모습에 감동을 받았답니다.

아이에게 스스로 세상을 알아갈 기회를 주고 싶었어요. 그래서 캠프나 체험학습 프로그램에 가고 싶다고 하면 모두 보내고 여행도 많이 데리고 다녔어요. 어릴 때 여행은 무엇을 보고 배우는 여행이 아니라 자연에서 마음껏 뛰어놀 수 있는 곳이면 충분하다는 생각이에요. 결혼을 앞둔 제자가 그러더 군요.

"저는 아빠가 되면 아이가 열 살은 넘어야 돈 드는 여행을 데리고 갈 거예요. 나는 기억이 하나도 없는데 엄마는 이태 리 가서 한 달 살았던 거 프랑스 여행 했던 거 기억하느냐고 자꾸 물으면서 돈 들여서 간 여행을 왜 기억하지 못하냐고 째려보세요. 기억할 수 있을 때 데리고 가야 우리 엄마처럼 돈 아까운 생각이 들지 않을 거 같아서요."

아주 솔직하고 현실적이죠?

아이가 자신감을 가지고 살아갈 수 있었던 것은 자신이 잘 하는 것이 있다는 것을 알게 되어서라고 생각해요. 잘하는 것이 생기니 다른 것에도 관심을 가지기 시작하고 겁을 내지 않으며 좀 더디게 진행되어도 초조해하지 않고요. 많은 것을 보고 경험하면서 자신의 속도로 꾸준하게 달려온 아이.

종종 이런 학부모 민원이 들어옵니다. 중학교 1학년 아이 에게 위험하게 스테이플러를 사용하게 하느냐고, 그렇게 위 험한 것은 선생님이 해주어야 하지 않느냐고, 아이가 다치면 책임질 거냐는 민원.

위험하니 피해야 한다?

위험한 것은 다룰 줄 알게 만들어주어야 하지 않을까요?

아이가 어렸을 때부터 함께 요리를 했던 이유 중 하나가 칼과 불을 다룰 수 있기를 바라기 때문이에요.

"엄마, 저 선도 됐어요."
"선도? 아니 그 무서운 선도가 되었단 말이지?"
"네."
"가문의 영광일세. 그럼 아침에 교문에 서서 너 이리와 봐. 명찰 왜 안 달았어? 옷은 왜 그래? 뭐, 이렇게 무섭게 하니? 인상 써가면서. 엄마는 선도라는 말만 들어도 그런 이미지가 떠오르는데."
"아니요. 그러지는 않고 그냥 명찰 다세요, 이 정도로 말만 해요."

중학교 3학년 때 학교의 선도, 그것도 선도반장이 된 아이.

아이는 스스로 자원했고 담임 선생님의 추천을 받아 선도가 되었다며 무척 뿌듯해했어요. 며칠 후 선도반장이 되었다는 말을 전하는 아이의 얼굴에는 자부심이 가득 담겨 있었답니다. 칭찬도 했지만 기쁘고 고마운 마음을 듬뿍 담아 편지를 썼어요. 선도반장이 된 것도 자랑스럽지만 자신이 하고 싶은 일을 스스로 찾아내는 것이 참 대견하다고.

나는 아이들에게서 내 꿈을 꾸지 않고 아이들 스스로 꿈꾸기를 바라고 그저 묵묵히 지켜보며 나의 도움이 필요한 시기를 놓치지 않으려 노력해왔고, 아이들은 자신의 꿈을 이루며 살고 있는 멋진 어른이 되었답니다.

내 아이 다이아몬드 수저로
만드는 비법

우연히 불특정 다수의 10~30대들과 모임을 하게 되었는데
하나같이 하는 말이
"하고 싶은 일은 많은데 할 수가 없어요"였어요.
그 이유의 대부분이 부모님들의 반대 때문이라고요.
엥???
나는 하고 싶은 거 다 해봤다고,
우리 부모님은 내가 하고 싶어 하는 일은 다 해보라고,
하지 마, 라는 말은 안 하셨다고 하니
다들 믿기 힘들어했어요.
"그건 책이나 드라마에서나 볼 수 있는 집 아니예요?"
그 사람들과 이야기하면서
제가 엄청 건강하다는 걸 깨달았어요.
제가 하고 싶은 일을 하면서 살고 있는 건
금수저의 삶이라고 생각해요.
정신적인 금수저.

아이들이 어릴 때 반려동물을 키우고 싶어 했는데 남편과 나는 반대했어요. 동물을 대하는 시각과 마음의 문제도 있었고, 맞벌이를 하면서 아이들을 돌보는 것도 벅찬데 반려동물까지 키울 자신이 없었거든요. 직장에 다니니 부모님들의 빈자리를 채워주고 아이들의 정서를 위해서 반려동물을 키우는 것이 더 낫다는 분들도 있고, 아이들이 너무 원해서 어쩔 수 없이 키우게 되었다는 분들도 있지만 우리 부부의 선택은 이랬습니다.

'너희들이 독립하고 난 뒤 자신의 힘으로 돌보고 책임질 수 있을 때 그때는 반대하지 않을게.'

아이들이 자라서 독립한 후 고양이를 입양하고 나눈 대화입니다.

"정말 많은 생각을 했어요. 한 생명을 책임진다는 무게가 생각보다 무거웠어요. 과연 내가 지금 그럴 상황이고 자격이 있는가 많이 고민했어요. 태어나자마자 버려진, 아픈 아이를 데리고 온 이유는 나도 건강이 좋지 못한 상태로 태어났지만 부모님의 정성으로 잘 컸으니 이 아이도 그럴 수 있을 거라는 생각에서였어요. 처음에는 엄청 힘들었어요. 아프니 두려움도 많고 어찌나 예민하고 까칠한지. 약을 먹이는 것도 쉽지 않고. 이제는 많이 건강해졌어요.

직접 데리고 가서 이야기하려고 했는데 코로나 때문에 못 가서 자꾸 미뤄졌고, 코로나 때문에 아부지 많이 힘드신데 언제쯤 이야기를 하는 게 좋을지 조언도 받고 싶어서 엄마에게 먼저 이야기하는 거예요."

"너의 선택이니 고양이를 키우는 것에 대해서는 전적으로 존중해. 하지만 엄마와 아부지의 삶에 영향을 주는 것은 절대 안 된다는 것은 기억해야 해. 아부지는 지금 많이 힘든 상황이니 조금 더 있다가 6월쯤에 말씀드리는 게 좋을 거 같고. 아부지는 엄마와 기준이 다르니 아직 받아들이는 것은 쉽지 않을 수도 있으니 속상한 상황이 되어도 그건 네가 감당해야 할 몫이야."

부모에게만 기다림이 필요한 게 아니랍니다. 아이들에게도 자신이 하고 싶은 것을 당장 하는 게 중요한 것이 아니라 스스로 할 수 있는 준비를 하는 과정, 기다리는 시간의 경험이 중요하니까요.

우리 집 수저의 변천사입니다.

"금수저까지는 아니고 금이 군데군데 박혀 있는 은수저 정도는 된다고 생각해요."

"우리 고양이도 금수저 집안에 온 것을 기뻐할 거예요."

그리고 우린 드디어 다이아몬드 수저 집안이 되었답니다.

다이아몬드 수저 이야기

우리집 가난해요?

"억울하단 말이에요."

"억울? 휴대폰을 사주지 않는 부모에게 태어난 게
억울하다는 거니?"

"그게 아니라 가난해서 못 사는 것도 아닌데…
억울하잖아요. 애들이 휴대폰 자랑할 때…
'넌 휴대폰 없지?' 뭐 이딴 말 할 때
너무 억울하단 말이에요.
벌써 몇 번이나 새로 바꾼 애도 있어요.
애들은 내가 형편이 안 돼서 못 사는 줄 알잖아요."

"그거야 네가 있는 그대로 이야기를 하면 되지.
돈이 없어서 못 사는 게 아니라
가족들과의 약속 때문이라고.
언니는 중학교 3학년 때 샀는데
그래도 너는 1년 앞당겨 중학교 2학년 때 살 거라고."

"그렇게 일일이 설명하는 것도 우습잖아요.
어쨌든 휴대폰 없는 두 명 중 하나가 저예… 히잉~ 흑흑."

사주지 않으면 졸려서 죽고, 사주고 나면 복장 터져서 죽
는다는 폰.

　현장학습을 가는 날, 초등학교 5학년 아이는 반에서 휴대
폰이 없는 아이가 자신을 포함해 두 명뿐이라며 가난해서 못
사는 것도 아닌데, 그래서 억울하다며 불만을 이야기했어요.
아이의 감정이 조금 진정될 때까지 기다렸습니다. 아이가 다
시 이야기를 하더군요.

　"언니 때와는 달라졌잖아요. 그때는 지금처럼 휴대폰이
있는 아이도 적었을 거고… 언니하고 제 나이가 일곱 살이나
차이가 나는데 어떻게 언니하고 똑같이 한다는 거예요?"

　"글쎄다. 너 평소에 차별하는 사람 제일 싫다면서? 입장을
바꿔 언니 입장에서 생각하면 지금 너에게 휴대폰을 사주면
공평하지 못하다고 생각할 텐데… 1년이나 앞당겨 사준다는
것도 서운할 수 있어. 언니도 그때 휴대폰 많이 사고 싶어 했
었지만 우리가 사주겠다고 한 중3까지 힘들게 기다린 거였
으니까."

"세월이 달라진 걸 생각해야죠, 세월이. 이런 건 똑같이 하는 것만이 공평한 건 아니라고 생각해요."

"그리고 또 한 가지. 조금 더 있다가 사주겠다는 이유는 너도 잘 알 텐데?"

"알아요. 제가 전화나 문자 잘 조절해서 못 쓰는 거요."

정액 요금만큼 충전해서 폰을 사용하던 시절인데 폰이 없던 아이가 내 폰으로 친구들과 전화를 조금, 자기 말로는 조금 오래 몇 통 했는데 한 달 사용할 정액 요금을 하루 만에 다 써버린 일이 있었거든요.

"많이 고민해봤는데 아직 휴대폰을 사줄 시기는 아니라는 결론이야. 네가 휴대폰을 산다고 해도 학교에는 못 가져가. 어차피 내가 퇴근해 오면 그때 내 폰을 사용해도 충분하잖아? 가끔 친구들과 시내 가거나 오늘처럼 현장학습 가는 날, 오가는 차 안에서 음악 듣고, 친구들과 문자 주고받고 싶을 거라는 것도 알아. 하지만 그거 때문에 휴대폰을 사고 한 달에 꼬박꼬박 비용을 물어야 하는 건 너무 낭비라고 생각해."

"그래도 지금은 너무 속상해요. 휴대폰 없는 게."

아이 마음이 많이 상한 상황이라 내 폰을 빌려주었고, 아이는 엄마에게 오는 전화와 문자를 나름 잘 처리를 했더군요. 저녁 식탁에 마주 앉은 아이는 현장학습 이야기로 수다쟁이가 되어 있었고, 아이 말을 다 듣고 난 다음 물었어요.

"그렇게 엄마에게 화를 내고, 어찌나 험악한 눈빛으로 보던지 무서웠어. 마음 아프고. 엄마한테 그러고 나니 어때?"

"으음~~~ 뭐랄까? 그동안 그러니까 오래, 1년 정도 휴대폰 때문에 쌓이고 쌓였던 게 화악 풀어진 느낌이랄까. 하여튼 속이 후련하고 텅 빈 것 같아요. 홀가분하기도 하고."

"그래? 그럼 1년에 한 번씩 엄마에게 화내고 중2까지 가면 되겠다, 그치?"

"그러게요. 큭큭큭."

아이는 약속대로 중학교 2학년에 폰을 갖게 되었지만 세상은 급변하여 스마트폰이 나왔고 또다시 다들 가진 스마트폰이 아닌 2G폰을 가지고 고등학생이 되었어요.

고1 5월 어느 날.

"우리 집 가난합니까?"

"안 가난합니다."

"이번 주말에 우리 반 황○○ 양이 드디어 스마트폰을 산답니다. 그러면 44명 중에 스마트폰이 없는 사람은 또 혼자입니다."

그다음은 어떻게 되었을까요?

스물다섯 살이 되던 해의 겨울 가족 여행으로 이야기가 이어집니다. 20대가 부모님과 가족 여행을 한다는 건 아주 큰

효도라는 것을 알아야 한다며 생색을 내며 서울에서 여행지인 여수로 온 아이. 일이 너무 많아 삶이 황폐해지는 것 같아 기타를 배우기 시작했고 건강을 위해 필라테스와 아차산 새벽 등산을 하고 있다고 했어요. 자신이 번 돈으로 몇 달을 벼르고 별러 에어팟을 사기 위해 인터넷 쇼핑을 하는데 '중학생 아들에게 사주니까 기뻤해요' 라는 글이 있더라면서 그렇게 비싼 물건을 사주는 부모를 보면서, 고등학생이 되어서야 스마트폰을 사주었던 엄마 생각이 났다는 아이.

우리 집 가난합니까? 라며 다들 가지고 있는 스마트폰을 왜 사주지 않느냐는 말에 나의 대답이 이랬었거든요.

"우리 집은 가난하지 않아. 하지만 너는 가난하지. 스스로의 경제력이 1도 없으니까. 그리고 지금 너의 가난은 한시적인 가난, 엄마가 마음만 먹으면 얼마든지 사라지는 가난이기도 하지. 스마트폰 사주면 해결되는 궁핍. 하지만 10년 후에는 어떨까? 그때는 온전히 너의 힘으로 살아내야 하는데…. 수십만 원 하는 스마트폰을 손 벌린다고 그 손에 얹어주면 10년 후에 '엄마, 오피스텔!', '엄마, 스포츠카!' 라고 하지 않을까? 그때 안 된다고 하면 엄마를 원망하지 않을까? 해달라는 거 다 해주더니 왜 계속 해주지 않느냐고. 당연히 해주어야 하는 게 아니냐고 물으면 그때는 어떻게 해야 할까?"

아이가 그럽니다.

"엄마는 한없이 유하지만 제가 유일하게 무서워하는 사람이에요. 엄마에게는 절대 넘으면 안 되는 선이 있다는 것을 알기에 십대 시절 저는 그 선을 넘지 않으면서 엄마 울타리 안에서 마음껏 까불며 잘 논(?) 것 같아요. 얼마 전 친구들을 만났는데 다들 십대 시절로는 돌아가고 싶지 않다고 하던데 생각해보니 저는 그때도 엄청 좋았고 다시 돌아가도 괜찮다는 생각이 들면서 엄마 생각이 났어요."

친구들이 십대 시절로 돌아가기 싫은 이유에 온 가족이 빵~~ 터졌답니다. 가장 큰 이유가 성형을 했기 때문이라네요. 다음이 공부만 했던 시간들이 너무 힘들어서라고. 아이의 마지막 말에는 울컥.

"사람들이 저만 보면 쌍수했냐고 물어요. 어디서 했냐? 정말 잘 됐다! 그러면 나는 쌍수를 한 게 아니고 심장병 수술을 했다고 말해줘요. 근데 저는 정말 십대로 돌아가도 괜찮다고 생각해요. 정말 좋았거든요. 그리고 지금도 좋아요. 저는 꽤 괜찮은 사회인이거든요."

아이는 지금도 그 생각이 변함이 없다고 해요. 여전히 자신의 삶을 잘 살아가고 있다고.

선생님은 아이를 방치하시는군요?

"선생님은 아이들을 방치하시는군요.
그렇잖아요? 아이에게 어떻게 그럴 수 있어요.
아이를 사랑하고 아이에게 기대를 걸고 있다면
그렇게는 안 될걸요.
아이가 숙제는 했는지 학습지는 다 풀었는지…
아이들이 부모 기대만큼 잘하지 못할 때도 있고
그럴 때 관심을 가지고 있는 부모라면
아이에게 실망하거나 속이 상할 수밖에 없고
그러다 보면 고함소리가 나고
결국은 몇 대 쥐어박게 되고. 그런 거 아닌가요?
(그러더니 조심스럽게)
솔직히 아이를 잘 키우셨다고 해서,
학교 선생님이고 학교에서도 학생들에게 잘한다고
사촌 언니가 꼭 한 번 만나보라고 해서 나온 건데…"

그녀는 나에게 적지 않게 실망한 모양이었어요.

약속 장소에 마주앉자마자 그녀가 묻더군요.

"아이들 키우는 거 너무 어려워요. 아이들에게 고함지르지 않고 키울 수 있는 방법 없을까요?"

"아이를 바라보는 눈길조차도 부드럽게 하려고 노력해보세요."

"네? 선생님은 아이들을 방치하시는군요."

친구의 사촌 동생은 아이들이 잘 따르고 잘해서 기대가 컸다고 해요. 그런데 아이는 '진짜 자기와 엄마가 기대하는 자기가 너무 달라 무섭고 점점 엄마에게 비밀이 많아지고 있다'고 했다는군요. 그렇게 친구의 소개로 만난 엄마.

"학습지 뭐뭐 시키셨어요?"

"학습지는 아무 것도…"

"그럼 학원은 어디 보내셨는데요?"

"큰아이는 고3때 사탐 학원 두 달 다녔고."

"네에? 진짜 아이를 방치하신 거 맞으시네요. 어떻게 그럴 수 있어요? 아, 학원 말고 과외 하셨구나. 그렇죠? 그럼 과외를 몇 개나 하신 거예요? 과외비 장난이 아니셨겠다. 좋은 선생님 아시면 저도 소개 좀 시켜주세요. 저희 큰애가 이제 5학년인데 6학년 때는 중학교 과정 선행해야 한다면서요? 특히 수학은 꼭 해야 한다고. 참, 선생님 작은애가 6학년이라고 하셨죠? 그럼 지금 하고 있겠네요. 어떤 선생님한테 해요? 몇 명이서 하고 얼마나 하나요? 엄마들로부터 정보를 얻기도 하지만 이런 기회에 조금 더 좋은 정보를 얻을 수도 있으니까… 진짜 친하지 않음 이런 거 잘 말해주지도 않아요. 자기들끼리 속닥속닥거리고."

"저희 아이는 선행 아무것도 안 하고 있어요. 그런 쪽은 제가 전혀 아는 것이 없어서…."

"큰아이 대학 갔다면서요? 어떻게 그게 가능해요?"

그녀와의 이야기는 계속 빙빙 겉돌기만 했어요.

고등학생이 되고 아빠가 학원에 다녀보면 어떻겠느냐고 한 말에 우리 아이가 한 대답입니다.

"저희 반에 저를 빼고 40명의 아이들이 학원에 다닙니다. 그런데 여전히 1등부터 41등까지 등수가 존재합니다. 한 아이가 올라가면 한 아이는 내려갈 수밖에 없는 등수. 학원이 필요한 아이도 있습니다. A 양처럼 공부를 아주 잘해서 학교 교육으로는 만족하지 못하는 아이들에게는 당연히 필요하죠. 그리고 K 양은 공부에 관심이 없다가 고등학교 와서 공부를 해보려고 하지만 너무 기초가 없어 힘들대요. 그런 경우는 학원이든 과외든 도움을 받으면 좋다는 생각을 해요. 그런데 문제는 나머지도 대부분 학원을 다녀요. 절반 정도는 엄마가 떠밀어서 가는 것 같고 또 절반은 자신이 선택해서 가는 것 같아요. 필요에 의한 아이도 있겠지만 거기 가서 앉아 있어야 덜 불안하다고 이야기하는 아이들이 많아요. 저는 그 어디에도 속하지 않아요. 엄마가 억지로 앉혀두려고 하지도 않고 저는 불안하지도 않아요. 그러니 지금은 학원에 갈 필요는 없다고 생각해요. 나중에 제가 필요하다고 할 때 그때 보내주세요."

스카이(SKY) 다닌 샘정네 윤자매의 초저가 사교육 비법(?) 대공개

도대체 언제까지 기다려줘야 하는 거야?

엄마 : 언제쯤 마음이 풀릴까?
　　네가 그러고 있으니 엄마와 아빠가 너무 불편해.
　　집이라는 공간은 가족들이 함께 쓰는데
　　너로 인해 우린 계속 눈치를 보게 되고.
　　이제 좀 풀어지면 안 될까?

딸 : 내 마음이 아직 다 풀리지 않았는데 부모님 생각해서
　　억지로 풀어진 척하는 건 슬프고 힘들어요.
　　엄마도 사회생활 하시니 그런 경험 있을 거잖아요.
　　관계를 유지하기 위해 억지로 웃고 괜찮은 척해야 할 때.
　　우리도 친구들과 그럴 때 많아요.
　　그런데 집에서도 그래야 한다면 너무 힘들어요.
　　진짜로 내가 다 괜찮아질 때까지 기다려주셨으면 해요.
　　부모님이 생각하는, 이제 그만할 때 말고
　　정말로 내가 괜찮아질 때까지.

평소 같으면 퇴근하는 엄마 현관 마중을 나오고 안기며 애교를 떠는 아이가 보이지 않아 열어본 방문. 절친들과의 말다툼으로 커다란 눈이 떠지지 않을 정도로 폭풍 오열을 하고 있던 아이.

　네 명이서 늘 같이 붙어다니면서 까르르 까르르 웃으며 즐겁게 잘 지내는 것 같았는데 어쩌다 말다툼을 하고, 얼마나 마음이 상했으면 저렇게 통곡을 할까 싶었지만 아이가 스스로 이야기를 꺼낼 때까지 기다렸어요. 한참을 그렇게 울던 아이는 친구들과 말다툼을 한 이야기를 풀어내더군요.

"친구들이 나보고 잘난 척한다고. 뭐가 그렇게 잘났냐고. 나는 그냥 친구들이 다른 사람 욕하는 거 하지 말라고 한 거뿐인데. 갑자기 진짜 밥맛이라고. 많이 참았다고. 혼자 뭐가 그렇게 잘났냐고…. 셋이서 같이 막 퍼부어대니까… 나는 그냥 없는 사람 욕하는 거 진짜 싫어서, 마음에 안 드는 거 있으면 그 사람에게 직접 하든가 정작 그 사람은 없는데 뒤에서

이런다고 무슨 소용이 있냐고, 그러지 말라고 했을 뿐이에
요. 다른 애들이 우리 없는 데서 우리 욕하면 좋겠냐고."

그러면서 지금 마음이 너무 상하고 슬프고 아파서 평소처
럼 잘 웃고 애교 많은 모습으로 있을 수가 없으니 기다려달
라고. 자기 마음이 다 풀려 예전의 이쁘고 귀여운 딸로 돌아
갈 때까지 기다려달라고 부탁을 했어요.

남편에게도 이야기를 전하고 기다렸는데 기다림이 너무
길어지니 슬슬 짜증이 나는 겁니다. 결국 아이에게 도대체
언제까지 기다려야 하는지, 적당히 하고 이제 좀 풀면 안 되
느냐고 이야기를 한 거였는데 아이의 대답에 미안하고 울컥
하며 고마웠어요. 생각해보면… 지금도 눈물이 차오른답니
다. 혼자서 얼마나 외롭고 힘들었을까를 생각하니. 지금도
그때를 떠올리면 아찔하답니다. 아이가 자신의 마음을 솔직
하게 이야기하지 않고 엄마가 바라는 대로 다 풀어진 것처럼
말하고 행동했더라면 어땠을까….

솔직하게 자신의 마음을 이야기하며 조금 더 기다려달라
고 해준 아이가 너무 너무 고마웠어요. 아이도 노력을 했을
거라 생각합니다. 자신의 이야기에 귀를 기울여주고 기다려
주는 우리를 위해 아이도 조금 더 빨리 마음을 추스르려고
노력했겠지요.

적지 않은 시간이 흐른 어느 날 아이가 그러더군요.

"엄마, 오늘 같이 버스 타고 시내 갈까요? 서점에 가요."

나도 모르게 안도의 숨이 쉬어졌어요. 버스를 타고 가자는 말은 같이 손을 잡고 걷자는 이야기이니 이제 마음이 다 풀어졌다는 아이만의 암호 같은 거라는 생각이 들었거든요.

언제까지 기다려야 할까에 대한 답을 다시 한 번 확인하는 경험이었어요. 나의 시간이 아닌 아이의 시간에 맞추어야 한다는 것을.

시한부 기다림을 하고는 분통을 터트리는 경우를 종종 봅니다. "기다려줄 거야. D day까지는 기다려줄 거야. 그때까지는 으~~~ 참는다 참아. 하지만 그때까지 안 되기만 해봐. 내 가만 안 둘 거야."

아이는 모르는 엄마 혼자 정한 D day. 드디어 다가온 D day. 아이는 그날이 무슨 날인지 모르는데 엄마는 폭발합니다.

"엄마가 이 정도 기다려줬으면 됐잖아? 도대체 언제까지 더 기다려야 하는 거야?"

기다림의 시간은 엄마 혼자 정하지 말기로 해요. 그리고 엄마의 시점이 아닌 아이의 시점이어야 한다는 것을 기억해 주세요.

낄낄빠빠빠빠빠빠빠빠빠

"요즘은 아이들이 중심이 될 때가 많아. 우리 집도 그렇고.
대구에 있을 때는 많은 부분에서 너나 동생을 위해
여러 가지 일들이 진행될 때가 많잖아.
하지만 늘 그렇게 자기 기분에 따라 행동하면
결국 상처 입는 것은 너 자신일 거야.
(…) 자신의 감정을 억제하는 것도 배워두어야 해.
그런 것을 배울 수 있는 곳으로 더 없이 좋은 장소가
바로 할머니 댁이라 생각해. (…)"
친구 만난다고 할머니 댁에 늦게 온 아이,
그러면서도 잔뜩 화가 나 있던 사춘기 딸은
끝없이 이어지는 엄마 이야기를 경청하고 반성했을까요?
'이 지긋지긋한 잔소리를 언제까지 들어야 해, 아 짜증나.'
했을 듯합니다. 짧게
"친구들하고 무슨 일이 있었니?
그래도 조금만 감정을 조절해줘."
라고 해도 됐을 것을. 뭔 말이 그렇게 길었는지.

열두 살 아이에게 사춘기라는 손님이 왔다고 느낀 날. 언젠가는 떠날 것이라 사춘기를 손님이라 불렀어요. 대접도 잘해야 한다는 것을 경험을 통해 알았기에.

과학 수업 준비물인 금붕어 두 마리를 사 온 아이. 동물을 무척 좋아하는 아이는 실험하고 난 뒤 집에서 기르면 되겠다고 너무 좋아했어요.

"물고기 숨 쉴 수 있게 비닐 열어둬야지."

"제가 알아서 할게요. 잠깐만요. 그릇을 어떤 걸로….."

집안을 돌아다니며 금붕어들을 담을 그릇을 찾느라 분주한 아이에게 나와 남편이 같이 말했습니다.

"내일 학교 가져갈 거니까 그냥 비닐째로 적당한 통에 담아두면 되잖아. 위에 묶인 입구만 풀고."

"저는 그렇게 하기 싫어요. 통에 부을 거예요."

"통에 왜? 통 더럽혀지고 내일 학교 가져가기도 힘들고."

"어차피 학교 가서도 통에 담아둬야 하니까 지금 통에."

"학교에 가면 과학실에 수조 있을 거니까 그냥 비닐에….."

"과학실에서 수업 안 하고 교실에서 한단 말이에요."

"그래도…"하며 남편이 비닐에 든 상태로 장난감 통에 넣고 입구를 풀고 있는데 아이가 갑자기 벌떡 일어섰어요.

"제 마음대로 하게 그냥 좀 두세요. 제가 뭐 어린애예요?"

그러더니 물고기가 든 통을 거칠게 들고는 자기 방으로 들어가서는 문을 쾅! 하고 닫는 겁니다.

'제가 뭐 어린앤줄 아느냐고? 그럼, 지가 어른이야?'

처음에는 그렇게 생각되던 것이 슬슬 시간이 지나자

'맞아. 열두 살에 나는…. 그랬었지. 나는 지금의 아이보다 훨씬 더 일찍 저랬었는데….'

5시쯤 그런 일이 있고 약간 늦은 저녁을 먹는 7시가 될 때까지 아무 말도 하지 않고 그저 아이가 하는 대로 바라보기만 했어요. 자신이 많이 화가 났다는 것을 알려주려는 듯 유난히 거칠게 여닫는 방문과 쿵쾅거리는 걸음걸이. 찾고 있던 물건을 집을 때도 획하는 소리가 나도록….

아이의 모든 것에서 '나 정말 화났단 말이에요. 나도 컸으니 그냥 좀 내버려둬요.' 하는 메시지가 전해져오더군요. 남편은 조금 전에 무슨 일이 있었냐는 듯이 아이를 불러댔지만 아이는 대답이 없습니다. 급기야 남편이 말합니다.

"쟤, 왜 저래?"

빙긋이 웃으면서 대답했어요.

"크느라고 그러는 거예요. 이쁘잖아요. 쑥쑥 자라는 게."

저녁상을 다 차리자 남편은 아이 방으로 가 밥을 먹자고 했지만 그때까지 퉁퉁 부어 있던 아이는 침대에 드러누워 일어나지도 않고 배가 안 고프다고 했어요.

남편을 식탁으로 보내고, 누워 있는 아이 곁에 앉았습니다.

"마음이 많이 상했나 보네. 엄마가 너를 아기처럼 대해서 많이 속상했나 보네. 미안해. 엄마는 자꾸만 도와주고 싶고 이렇게 해라 저렇게 해라 가르쳐주고 싶고 그런가 봐. 너는 이제 그런 것쯤은 혼자서도 알아서 잘하는데 말이야, 그치? 왜 그랬을까? 참나. 우리딸 화나게, 그치? 너무 맘 상해하지 말고 일어나 같이 밥 먹자. 네가 크는 것처럼 빨리는 안 되겠지만 엄마도 네가 어려서 도와주어야 한다는 생각을 버리도록 노력할게. 미안. 얼른 일어나. 엄마가 일으켜줄까? 허걱! 또 이런다 그치? 혼자서도 잘 일어날 수 있는데 말이야. 참나, 왜 자꾸 이러는지 몰라. 반성하세요, 어머니."

이러는 나를 조금 멋쩍은 듯 바라보던 아이는 벌떡 일어나 손 씻으러 가더군요.

사춘기 아이와 잘 지내는 법은 간단해요.

낄낄빠빠가 아니라 낄낄빠-빠-빠-빠-빠-빠-빠-빠.

점쟁이 아니고 과학쌤입니다

중1 소녀들이 과학 시간에 묻습니다.

"선생님, 한복 입고 수업하는 거 안 힘들어요?"

"힘듭니다. 많이. 특히 화장실 갈 때는 몹시 힘듭니다."

"그럼 안 입으면 되잖아요? 힘든데 왜 입어요?"

"두 가지 이유입니다. 하나는 입고 싶기 때문입니다.

힘들지만 선생님은 한복을 아주 좋아합니다.

기회가 있을 때마다 입고 싶거든요.

선생님이 한복을 입고 출근하고 과학 수업을 하는 것은

힘들지만 좋아하고 하고 싶은 일이기 때문이에요."

"다른 이유는요?"

"힘들지만 해야 하는 일이라 생각하기 때문입니다.

자신이 생각하는 것을 행동하는 모습으로 보여주는 것은

어른으로서 교사로서 해야 하는 일이기 때문입니다.

생각만 하고 있지 말고 행동으로,

하고 싶은 것이 있으면 하면서 살아가라는 것을

말로만 아닌 행동으로 보여주고 싶기 때문이에요."

영재교육원 개강식에 참여한 부모님들과 선생님들을 대상으로 한 강연 주제가 'AI 시대에 어떤 리더가 필요할까?'였어요. 나는 NFT, 대체 불가능한 토큰에서 답을 찾았고,

"앞으로의 리더는 대체 불가능한 사람일 거예요." 라는 말로 강연을 시작했습니다.

나 역시 누구도 대신할 수 없는 그림 품은 캘리 이미지들로 가득한 두 시간 강연 자료를 만들었고, 강연 자료가 신선한 충격이었다는 피드백이 많았답니다.

누가 해도 되는 일, 누가 와도 대체가 되는 자리가 아닌 그 사람만이 할 수 있는 일, 누구로도 대체가 안 되는 존재가 되기 위한 첫걸음은 '자기 생각'을 가진 사람일 겁니다.

동아리를 통한 독서치료를 할 때 아이들의 대화입니다.

"이 사람은 책을 정말 많이 읽었나 봐. 누가 이렇게 말했다가 정말 많아. 이 책들을 다 읽었다는 거잖아?"

"자기 생각이 없다는 것 아냐? 자기 생각을 이야기하면 될 텐데 자꾸 남이 이랬다고 하는 걸 보면."

"유명한 사람 이야기를 해야 있어 보이니까 그런 거 아냐?"

"억울하겠다. 자기가 하고 싶은 이야기를 이미 다른 사람들이 거의 다 해버려서."

"이런 느낌? 주문할 때 맨날 같은 걸로요, 라고 하는 느낌?"

"그거랑은 다르지. 같은 걸로 라는 사람은 그냥 귀찮으니까 그런 거고."

아이들의 대화, 너무 흥미롭지 않나요? 자신의 생각을 가진 아이들의 미래가 궁금하고 기대됩니다.

중1 소녀들이 그려준 과학 교사인 나는 뽀글머리에 왕관을 쓰고 한복을 입고 환하게 웃고 있는 모습이에요.

사람들이 가끔 물어옵니다. 혹시 점쟁이냐고? 아니면 무당? 아니라고 과학 교사라고 하면 왜 이런 모습으로 강연을 하느냐고 신기하다는 반응이 많아요.

요즘 브랜딩이라는 말을 많이 하죠. 자신을 브랜딩하라고. 그리고 누구처럼이 아닌 나답게, 나로서 살아가면 된다고. 강연할 때나 수업 시간에 왕관을 써도 되는지 물어오는 분도 있어요. 흔쾌히 괜찮다고 합니다. 앞으로 왕관 쓰고 한복 입고 강연하는 작가, 교사는 얼마든지 많을 수 있지만 그들은 나와는 다르니까요. 나는 오로지 나로서 충분한 존재감을 가지고 있다고 믿는 이 자존감이 나를 지탱해주는 힘이랍니다. 물론 겉모습만 대체 불가가 되어서는 안 되겠지요.

 가장 필요한 것은 자신이 좋아하고 하고 싶어 하는 일을 찾는 것이고, 그 일을 통해 자신과 세상을 위해 이로운 일을 할 수 있는 방법으로 찾고, 가장 중요한 것은 그것을 행동으로 실천하며 사는 사람이 그 누구로도 대체가 불가한 진정한 리더라 생각해요.

 혼자서 이끌어가는 리더를 넘어서 배려와 협력, 코칭을 통해 타인의 성장을 돕는, 함께 성장하는 리더가 필요해요.

한복 입고 여행, 입학식 가기

수달은 새끼를 사랑하지 않는 걸까?

부모님은 저한테 스스로 하는 것을 가르쳤어요.
뭐든 자기가 하고 싶어야 하고,
자기가 필요해야 간절해진다고.
학원도 제가 필요하다고 생각할 때 다니고
아니라고 생각되면 끊고
제가 정말로 원하는 것을 시켜주고 혼자 배우게 했어요.
특히 스스로 알아내도록 하는 것이 좀 심한데,
엄마는 제가 뭐만 물으면 모른다고 합니다.
이거 좋은 방법입니다.
스스로 하는 것에 익숙하게 만들다 보니
무엇을 하든 제가 선택하고 제가 결정하고
제가 실행해야 한다는 것을 알게 되었습니다.
저희 엄마가 자주 하는 말씀이
"네가 생각해.", "네가 결정해."입니다.
뭐든 제 일이면 제가 알아서 하라는 뜻이겠지요.
맞는 말씀이에요. 제 일이니까요.

과학 글쓰기 주제에 빠지지 않는 것이 '나는 독립된 생명체인가?'입니다. 아이들은 독립영양생물과 종속영양생물에 대한 과학적 지식으로 글을 쓰다가 깜짝 놀란다고 합니다. 자신이 독립된 생명체가 아니라는 사실에. 팔다리가 있어 자유로이 움직일 수 있어 당연히 독립된 생명체일 거라 생각했는데 먹고 사는 문제를 스스로 해결하지 못하는 종속영양생물이라는 사실에 놀랐다고 하지요.

　생물학적으로 광합성이나 화학합성을 하는 능력이 없어 다른 생물이 만든 유기화합물에 의존해서만 생존이 가능한 종속영양생물이라는 것에 놀랐다고. 그보다 더 놀라운 것은 같은 동물이어도 대부분은 어느 정도 자라면 부모로부터 독립을 해서 사냥 등을 통해 먹고 사는 문제를 해결하는데 자신은 아직도 엄마가 해주는 밥을 얻어먹고 살고 있다는 사실에 충격을 받았다는 글이 많았습니다.

　남학생들과 수업을 할 때는 이 말을 꼭 덧붙입니다.

　"어머니가 해주는 밥을 얻어먹는 데서 끝나지 않는 사람들도 많지요. 대상만 바꾸어 아내가 해주는 밥을 얻어먹고 살아가는 사람들도 많거든요. 나는 독립된 생명체인가, 라는 질문에 답을 하자면 동물, 그중에서 인간, 그중에서 남자 인간이 가장 독립되지 못한 생명체일 수 있다는 사실을 어떻게 생각하는지요?"

중1 소녀들과 프로젝트 수업으로 우포늪생물 사전 만들기를 했어요. 아이들이 조사한 수달에 관한 내용 중 새끼는 1년 정도 지나면 독립하고, 독립을 위해 부모 수달은 새끼를 물에 던져넣고 수영하는 법과 먹이를 구하는 법을 스스로 배우게 한다는 게 있었어요.

"수달에 관한 내용으로 두 가지를 이야기하고 싶어요. 한 가지는 독립입니다. 수달은 1년 정도 지나서 독립을 한다는데 소녀들도 집을 나와야 합니다."

"가출을 하라고요?"

"네. 가출하십시오. 지금 당장 말고 잘 준비하여 당당하게 가출하기 바랍니다. 부모로부터 독립할 수 있어야 해요. 가장 중요한 것은 경제적인 독립입니다. 그것이 되어야 공간적인 독립, 신체적인 독립, 정신적인 독립까지 가능하니까요. 그래서 진로가 중요하고요. 그중에서 먹고 사는 문제를 어떻게 해결하는가는 진로 선택 중 매우 중요한 부분을 차지하지요. 지금 당장 집을 뛰쳐나갈 생각 대신 당당하고 폼나게 집을 나가는 순간을 상상해보기 바랍니다."

"또 하나는요?"

"수달 엄마와 아빠가 새끼를 물에 빠트리는 건 새끼를 사랑하지 않는 걸까요?"

아이들은 생각이 깊어집니다. 그대는 어떻게 생각해요? 수달은 정말 새끼를 사랑하지 않아서 그럴까요?

아침에 스스로 일어나는 아이. 엄마들이 바라는 것 중 하나지요. 아침마다 전쟁이라는 집이 적지 않아요. 나는 수달 엄마와 비슷합니다. 아이가 중학교 들어가면서는 특별한 경우가 아니면 아침에 깨우지 않고 스스로 일어나도록 했거든요. 깨우고 욕먹는 일은 하고 싶지 않다면서요. 덕분에 아이는 무단 지각 몇 번 후에 스스로 일어나는 힘을 길렀지요. 대학교 기숙사 생활을 하고, 자취를 하고, 런던 유학 생활을 하면서도 새벽 6시면 스스로 일어나는 습관을 가지게 된 건 엄마가 깨워주지 않은 덕분이라고, 인사(?)도 들었답니다.

내 육아의 목표는 '독립된 생활인'이었어요. 교사로서의 목표도 아이들이 스스로의 힘으로 살아갈 수 있는 역량을 기르는 것이에요. 아이들은 나의 수업을 어떻게 생각할까요?

선생님의 수업 방식이 너무너무 싫었습니다

Smile Kindness

CHAPTER 02

Yourself

달콤한 소통
+설탕 100g+

설탕 100g을 준비하고요

볼에 든 크림치즈의 냉기가 다 사라졌다면

주걱으로 눌러 펴가며 덩어리가 없도록 잘 풀어주세요.

마요네즈 느낌이라면 이해가 쉬울 것 같아요.

따뜻한 기다림이 필요한 이유랍니다.

기다림의 시간은 주변 온도에 따라 다르겠지요.

"1~2시간이면 된다더니 왜 부드럽게 안 풀어지지?"

라는 상황이 생길 수도 있어요.

다른 사람들처럼, 또는 레시피대로 하는 것이 아니라

나의 상황에 맞게 조금 더 기다리는 것이 필요해요. 육아처럼요.

주걱과 볼 벽에 묻은 크림치즈를 중간중간 긁어서 정리하면서

뭉쳐 있는 부분 없이 전체가 잘 풀어지게 해주세요.

아이 마음에도 응어리가 생기지 않도록, 생긴 응어리들이

상처가 되어 남지 않도록 잘 풀어주는 것이 필요해요.

그러기 위해서는 세심한 관찰이 필요해요.

내 아이를 잘 아는 방법은 '관찰'이랍니다.

응어리는 아이에게뿐만 아니라 엄마에게도 생기지 않아야 해요.

스스로를 잘 돌보는 것, 숨통 트기가 꼭 필요하다는 것을
기억해주어요.

케이크에 달콤함은 필수겠지요. 응어리 없이 잘 풀어진 크림치즈에
설탕100g을 조금씩 넣어가며 잘 섞어줍니다.
한꺼번에 붓지 말고 3~5회 나누어 넣으면서
크림치즈와 잘 섞이도록 해주세요.
백설탕 대신 갈색 설탕을 사용하거나
대체당인 스테비아나 알룰로스를 사용하는 것도 좋아요.

육아에도 달콤함이 필요해요.
아이와의 달콤한 소통이.

입 다물고 들어가서 공부해

자녀의 성공적인 삶을 위해
가정에서 가장 노력하고 있는 것은 무엇입니까?
□ 독서　　□ 인성 교육　□ 성적 향상　　□ 경제 개념
□ 적성 찾기 □ 생활 습관　□ 가족 간 소통

인성 교육에 체크! 솔직히 성적이 제일 중요하지만….
다들 그러지 않나? 겉 따로 속 따로. 말로는 적성이 어쩌고
하지만 허리가 휘게 학원에 과외까지 시키는 이유는 다 성
적 때문이지. 좋아하는 일도 결국은 성적이 좋아야 할 수 있
는 거고, 성적이 좋아야 대학도 가고 적성도 찾는 거지.
어차피 학교에 공부를 기대하는 건 아니고, 인성 교육이라
도 제대로 시키라고 하려면 인성에 체크를… 아니지, 집에
서 인성 교육을 열심히 하고 있다고 하면 학교에서 신경 안
쓰는 거 아냐?
아니 아니야, 그래도 집에서 인성 교육에 제일 신경을 쓴다
고 해야 수준 있어 보이지. 의식도 있어 보이고.

중학생들이 직접 쓴 연극 대본으로 1인 연극을 보여줄 때가 있어요.

엄마 : 어서 들어가서 공부해.

아이 : 내가 알아서 해요.

엄마 : (목소리가 날카로워지며) 니가 알아서 하면 엄마가
       이래? 알아서 한 성적이 이 모양이야? 맨날 알아서
       한다는데 뭘 알아서 한다는 거야?

아이 : (역시 목소리를 높이며) 알아서 한다 하잖아요. 알아
       서 한다는데 왜 이러세요. 그냥 좀 놔두세요.

엄마 : (갑자기 태도를 바꾸며) 가만 있어봐라. 지금 공부가
       문제가 아니네. 어디서 눈을 똑바로 떠?

아이 : (격앙된 목소리로) 공부 이야기 하다가 왜 갑자기 말
       을 바꾸세요?

엄마 : (흥분 상태에서) 이게 어디서 꼬박 꼬박 말대꾸야. 엄
       마가 괜히 그래? 니가 지금 엄마한테 하는 걸 한 번 봐.

아이 : (역시 흥분상태가 되어) 내가 뭐요? 가만 있는데 건드린 건 엄마잖아요. 공부하라 했다가 말투 가지고 뭐라 했다가 말대꾸한다고 뭐라 하고. 대답 안 하고 있으면 또 입다물고 있다고 뭐라 그럴 거잖아요?

엄마 : (결심한 듯 목소리를 낮추며) 말 잘했다. 이왕 말 나온김에 다 이야기해보자. 그래, 엄마가 뭘 그렇게 니한테 잘못했는데? 니는 또 뭘 그렇게 잘했는데? 저번에 늦게 들어왔을 때 아빠한테 말도 안 하고 눈감아줘, 체육복 잃어버리고 온 것도 참아줘, 해달라는 거 다해주고 지 하자는 대로 해주는 데도 뭐가 그렇게 불만인데?

아이 : (체념한 듯) 허유우~ 또 시작이다 또 시작. 그건 이미 다 지나간 일이잖아요. 그럼 그때 이야기하시던지요?

엄마 : 그냥 덮고 갈라 했는데 니가 헤집어내게 하잖아 지금.

아이 : 누가 먼저 시작했는데요? 알아서 한다고 했는데…

엄마 : 알아서 안 하니까 그러는 거 아냐.

아이 : 알아서 하는지 안 하는지 엄마가 어떻게 알아요?

엄마 : 어떻게 아느냐고? 니 성적이 말해주잖아. 니 점수가 솔직하게 니 대신 말해주잖아.

아이 : 그건…

엄마 : 시끄럽고! 들어가서 공부해. 어서!

어떤가요? 여기까지 보여주면 격하게 고개를 끄덕이는 아이도 있고 종종 이런 아이들도 만나게 된답니다.

"혹시 우리 엄마 알아요?"

"우리 집에 와 봤어요? 진짜 똑같아요."

엄마는 들어가서 공부하라는 말로 그 싸움을 정리하지만 아이들은 어떤가요? 소소하지만 반항 한 번 해야지 않겠어요? 쾅, 하고 방문을 세게 닫고 들어가는 것으로 화가 났다는, 아이들 표현으로 개빈정상했다는 것을 표현하지요. 그렇지만 문제는 꼭 다시 불려나온다는 것입니다. 엄마들은 닫힌 방문을 향해 고함을 지르지요.

"이리 나와! 어디서 방문을? 얼른 나와서 제대로 닫고 들어가, 얼른?"

아이들은 버텨보지요. 하지만 엄마는 절대 포기하지 않습니다. 어금니를 깨물며 어름장을 놓지요.

"진짜 안 나오나? 지금 안 나오면 못 나온다. 좋게 말할 때 얼른 나와서 살살, 제대로 닫고 들어가라. 엄마 지금 많이 참고 있다. 기회 줄 때 알아서 기어라."

아이들은 결국 포기를 하고 다시 살살, 엄마가 원하는 대로 방문을 제대로 닫기 위해 자기 방을 나오면서 이런다고 합니다.

'나간다 나가. 지금은 내가… 치사하고 더러워도 참지만 내가 경제적인 능력이 조금만 생기면 이 집을 나간다.'

그리고 방문을 열고 나와서 다시 엄마가 원하는 대로 살살, 제대로 닫고 들어가지요. 엄마들은 그러면 모든 것이 끝이 났다고 생각하지만 방으로 들어간 아이들은 어떨까요?

가방을 발로 차고 책을 던져보아도 화는 가라앉지 않고, 결국 스마트폰을 들고 카톡으로 친구들과 대화를 하겠지요. 엄마 때문에 개빡친다고, 집을 나가고 싶다고, 학교를 그만두고 싶다고, 그리고 어떤 아이는 죽고 싶다고.

스마트폰으로 문자도 주고받고, 웹툰도 보고, 게임도 하고, 이제 슬슬 숙제라도 좀 할까 하는 찰나에 방문을 열고 들어오는 엄마. 손에 들려진 스마트폰을 째려보며 이러지요.

"공부하라고 했더니 방에 들어가서 이때까지 폰만 만지고 있었단 말이지? 이게 니가 알아서 하는 거야? 너 자꾸 이러면 핸드폰 확 뺏어버린다."

아이들 말에 의하면 엄마는 어떻게 그렇게도 기가 막힐 정도로 정확한 순간에 들어올 수 있는지가 감탄스럽다고 합니다. 그렇게 엄마는 또다시 2차 전쟁을 시작하지만 아이들은 이제 더 이상 대꾸조차 하지 않고 입을 다물어버리지요. 그러면 엄마는 더 불같이 화를 내지요. 엄마 말이 말같지 않나고. 이렇게 아이들과의 대화는 자꾸만 어긋나고 결국 엄마도 아이도 대화를 포기하게 된다고 합니다. 그래서 많은 엄마들이 이렇게 이야기하지요.

"안 보는 게 상책이에요. 중학교까지는 할 수 없이 같이 있지만 고등학교는 어떻게 하든 기숙사 있는 학교에 보내서 얼굴 안 보고 사는 게 서로가 사는 방법이라니까요."

아이들과 사이좋게 잘 지내는 방법, 정말 불가능할까요? 십대 아이들과 행복하게 대화할 언어는 없는 걸까요?

딸아이가 말하더군요. 아이들도 아이들 나름의 여기까지만 하고, 라는 선이 있다고.

"이 말은 꼭 해야 해요. '이제 하려고 했다'를 좀 믿어주세요. 말만 그렇게 내뱉는 아이도 있지만 정말 그렇게 타이밍이 맞지 않아 부모와 점점 멀어지는 아이들도 많으니까요. 학교에서 있어 보면 부모님과 즐겁게 이야기 나눌 수 있고 소소한 일상생활까지 함께 공유할 수 있는 친구가 성격 좋고 활기차고 주변 아이들에게 인기도 많아요. 그런 친구들이 듣는 말 중에 하나가 바로 '너네 부모님 부럽다.'입니다. 부모님과의 소통이 얼마나 중요한지 알았으면 좋겠어요. 좀 믿어주고 기다려주세요, 제발."

공부가 유세냐?

부모 사용설명서를 만드는 아이들

아이들이 말합니다.

"엄마가 어떨 때는 허락하고, 어떨 때는 절대 안 돼요.

눈치없이 들이밀었다가는 죽음이니까 잘 파악해야 해요.

근데 정말 변덕이 얼마나 심한지 몰라요.

엄마 눈치 잘 살펴야 해요."

"잔소리 시작하면 끝장이죠.

말대꾸 금지, 무조건 알겠다고만 해야 해요.

처음에는 엄마 말에 상처받았는데

이제는 잔소리 시작한다 싶으면

그냥 속으로 노래 몇 곡 불러요. 그러면 지나가니까."

학부모 강연에서 자주 등장하는 질문.

"우리 애는 이 말만 해요. 엄마는 어떻게 생각해?

어차피 엄마가 다 결정할 거 아니냐고.

그러니까 자기에게 묻지 말고

엄마가 원하는 거 말하라고요."

아이와의 시간에서 원칙과 일관성은 매우 중요해요. 원칙과 일관성이 없으면 아이들은 자기만의 부모 사용설명서를 만든답니다.

"엄마는 맨날 이랬다저랬다 해요. 자기 기분에 따라 똑같은 것도 됐다가 안 됐다가. 진짜 자기 맘대로라니까요. 너무 짜증 나요."

신학기가 되면 아이들은 일명 '선생 간 보기'를 합니다. 이 사람이 원칙이 있는지, 일관성 있는 태도로 학생들을 대하는지. 예를 들면 수업 시간에 선글라스를 끼고 앉아 있는 아이. 초임 시절의 나였으면 "야, 지금 수업 시간이야. 선글라스를 왜 끼고 있어? 얼른 벗어."라고 했을 거예요. 어쩌면 빈정거림을 섞어 한 발 더 나아가기도 했을 듯합니다. 솔직히 그런 과거가 있는 사람이거든요.

"안경을 껴도 알까 말까 한데 캄캄한 선글라스를 쓰고 공부가 되겠어?"

아이의 간 보기에 딱 걸려드는 거죠. 아이가 긁는 것에 감정이 제대로 긁혔다고나 할까요?

38년 차가 된 지금은 어떨까요?

그냥 둡니다. 안경을 쓴 것과 선글라스를 쓴 것이 무슨 차이일까요? 둘 다 눈을 위해 필요한 거잖아요. 이유가 무엇인가를 내 맘대로 판단하려고도 하지 않습니다. 아이의 모든 행동에는 이유가 있으니까요. 그냥 똑같은 시선으로 아이들을 바라보며 수업을 하지요. 그러다가 미소와 함께 살짝 아이에게 말해줍니다.

"썬글, 멋져요."

짧은 한마디에는 이런 의미가 들어 있어요.

'선생님은 네가 선글라스를 쓰고 있는 모습을 보기는 했어요. 못 봐서 아무 말도 하지 않았던 건 아니에요. 과학 시간에 썬글을 쓴 이유는 모르겠지만 썬글을 쓴 모습 자체는 진짜 멋있어요. 계속 쓰고 수업을 할지 벗을지는 스스로 선택하길 바라요.'

지금까지 몇 번 이런 상황이 있었지만 결과는 같았어요. 아이 스스로 선글라스를 벗고 수업에 잘 참여한다는 것.

수업을 마무리할 때 전체를 향해 말합니다.

"하고 싶은 것과 하지 말아야 할 것을 구분하는 것, 때와

장소에 맞는 것을 선택할 수 있는 힘은 매우 중요해요. 스스로를 위한 좋은 선택을 하는 사람들이기를 바랍니다."

수업마침 종이 치고 교실을 나오기 전 아이에게 말합니다. "쌤도 선글라스 좋아하는데, 이거 완전 내 스타일이에요. 다음 시간에는 나도 선글라스를 쓰고 과학 수업을 해보면 어떨까 싶어요."

'아이를 존중하고 비난의 말은 하지 않는다' '내 기준으로 상황을 판단하지 않는다'라는 원칙을 지키려 노력하고 일관성 있는 태도를 유지하려 노력하지요. 늘 아이들에게 먼저 물어본답니다. 그래서 생긴, 학생들이 흉내내는 나의 시그니처 1순위가 "이게 무슨 일이죠?"랍니다. 내 기분에 따라 말투와 대처 방법이 달라지거나, 어떤 날은 괜찮고 어떤 날은 괜찮지 않고, 이 아이에게는 허용되고 저 아이에게는 허용되지 않는다면 아이들은 교사를 신뢰하지 않을 테니까요.

엄마 도와주면 얼마줄거야?

또 싸운다 또 싸워

교사 연수에서 강사가 물었습니다.

"부부 싸움 무엇 때문에 합니까?"

40명의 연수생들이 쏟아내는 부부 싸움의 이유들로 강사는 한참을 기다려야 했어요. 부부 싸움의 이유가 정말 많았으므로. 아무도 듣지 않고 자기 말만 했던 우리.

아마도 그 원인은 모두 집에 있는 배우자에게 있었을 테고요. 드디어 입을 연 강사.

"남편이 수학 문제를 못 풀어서요? 아내가 영어 단어를 못 외워서요? 그것도 아니면 남편이 남북 회담을 성사시키지 못한 책임을 물어서요? 아내가 나라 경제를 살리는 대책을 내놓지 못한다고 해서 싸웁니까? 무엇 때문에 싸웁니까? 말 때문이지요. 그것도 아주 사소한 말로 감정을 상하게 하는 것 때문에 싸우는 경우가 대부분일 겁니다. 남편은 남편이 하고 싶은 대로 쏘아대고 아내는 아내대로 나도 질 수 없다고 막 퍼부어대면서요."

첫 상담에서 자기 이야기를 너무 담담하게 풀어내던 아이.

"엄마 아빠와 같이 살 때가 가장 불행했고, 아빠가 행방불명되고 엄마와 둘이 살 때 조금 덜 불행했고, 엄마가 저를 보육원에 맡기고 돌아오지 않아서, 보육원 식구들과 살기 시작하면서 가장 편안하고 좋았어요."

누구와 사느냐가 중요한 게 아니라 어떻게 같이 사는지가 중요해요.

유치원생 쌍둥이를 둔 후배가 아이의 입에서 "싸운다 또 싸운다. 엄마 아빠는 왜 맨날 싸우기만 해?"라는 말을 듣는 순간 충격이었다고 해요.

"아니야, 이건 싸우는 게 아니고 이야기하는 거야. 어른들은 가끔 이렇게 대화해."라고 했더니 이러더라고.

"가끔 아니고 맨날 그러잖아. 치이~~ 거짓말, 그게 뭔 대화래? 우리보고는 맨날 싸우지 말고 사이좋게 지내라고 하면서. 그럼 나도 ○○이랑 소리 지르면서 대화하는 거겠네? 이제 나도 ○○이한테 고함치면서 대화하면 되는 거지?"

교회에 다니지는 않지만 가끔 설교를 들으러 가요. 좋은 강연일 때가 많거든요. 목사님이 그러시더군요. 아들이 고등학생이 된 뒤로 하루에도 서너 번씩 아들이 보는 앞에서 아내에게 뽀뽀를 했다고, 그 아들이 고3이 되자 아내와 함께 여행을 자주 가셨다고 해요. 아들이, 고3 뒷바라지는 않고 어딜 가느냐고 물으면 "공부는 네가 하는 것이고 우리는 서로 사랑하는 부부야. 그러니 서로 사랑을 나눠야 하는데 고3 아들 때문에 눈치 보여서 피난간다."고 하셨다네요.

아이들에게 가장 중요한 것은 정서적 안정이라고 하셨어요. 아이들은 부모나 가족이 서로 사랑하고 화목한 모습을 보여줄 때 정신적으로 가장 안정된다는 생각에서 아내를 아끼고 사랑하고 그것을 표현함으로써 아내와는 더 깊이 사랑하게 되었고 아들에게는 가장 큰 공부 뒷바라지를 했으니 결국 두 가지를 다 얻었다고 말씀하셨어요.

"사랑하는 부모의 모습을 보여주는 것, 아이들에게 이보다 더 좋은 건 없다!"라는 말에 나도 동감이에요.

아이들과 함께하는 남편 친구 모임에서 한 부인이 남편이 너무 권위적이고 집안일도 도와주지 않는다고 불평을 했어요. 그러자 "이 땅의 아내들 중에 남편에게 불만 없는 사람이 어디 있겠는가, 그런 사람 있으면 내가 당장 만나보고 싶다,

도대체 어떤 남편을 뒀는지.”라는 이야기가 오갔고, 그러면서 대부분 한두 마디씩 자신의 남편이 더하다고 열을 올렸어요.

난 그런 모임에서 다른 부인들의 기분을 상하게 해서 ‘왕따’가 되곤 한답니다. 이유는 내가 남편의 험담을 하지 않기 때문이에요. 내 남편이 흠볼 데가 없는 완벽한 남편이냐 하면 그건 절대로 아니에요. 나는 조금 섭섭했던 일도 다른 사람에게 이야기하면 더 섭섭한 것 같고, 처음에는 그저 조금 속상했던 것도 생각하고 이야기할수록 더 분하고 괘씸해지기까지 하는 것을 경험하면서 섭섭한 것을 말하는 대신 아주 조금 잘해준 것을 열심히 자랑하게 되었어요. 그러면 별것 아닌데도 이야기를 할수록 고마워지고 새록새록 남편이 예뻐지는 느낌이 들고요. 그렇게 남편 칭찬이나 자랑만 잔뜩 늘어놓는 나를 어느 아내가 고운 시선으로 보겠어요?

그 모임에는 맞벌이 부부가 많았는데 설거지 안 해주는 남편들 이야기로 이어졌고 나는 이렇게 이야기했어요.

“우리 남편도 설거지 안 해요. 아니 못한다는 게 더 맞겠네요. 요즘 정말 바쁘고 힘든지 무척 지쳐서 집에 돌아오거든요. 아마 자기도 하고 싶은데 못해서 저한테 굉장히 미안해하고 있을 거예요. 그렇지, 자기야?”

누구나 자신의 험담을 들으면 기분이 좋지 않잖아요. 그것도 남들 앞에서 자기 흉을 보는데 "맞아, 내가 잘못했어. 당신 힘들 텐데 말야. 아무리 피곤해도 내일부터는 내가 더 열심히 집안일을 할게."라면서 반성하는 사람이 과연 있을까요? 도리어 화가 나지 않을까요? 그리고 자기 아빠를 험담하는 엄마의 모습을 지켜보는 아이들은 무엇을 느낄까요?

남들에게 남편 험담 실컷 하고 돌아서서 편치 않았던 기억을 가지고 있고, 남편이 나의 흉을 보지 않기를 바라기에 나 역시 그러지 않게 되었답니다. 그래서 우리 아이들은 엄마, 아빠가 서로 무지 사랑하는 줄 알지요. 덕분에 아이가 학기 초 자기 소개를 "저는 닭살 부부의 딸입니다."로 시작했다는 유명(?)한 일화도 생겼어요. 그리고 그렇게 자랑하다 보면 자랑거리가 자꾸 눈에 보이고 남편이 참 멋지게 보이는 효과도 크답니다. 함께 사는 사람들이 서로 사랑하는 모습을 보며 자랄 수 있다면, 그것이 가장 좋은 교육이라고 말하고 싶어요.

아이들이 싸울 때 좋은 팁 하나 줄게요. 아이들 싸움에 어른이 개입하면 해결이 아니라 아이들에게 더 상처를 줄 수 있으니 위험한 상황이 아니면 한 발 물러서서 녹음 버튼을 누르세요. 녹음 내용을 들으면서 싸우는 동안 자신들이 어떤 말을 어떤 톤으로 내뱉었는지를 스스로 인지할 수 있도록.

"동생하고 싸우면 되겠어? 안 되겠어?"
"오빠에게 대들면 되겠어? 안 되겠어?"
처럼 아이의 감정과는 상관없이 엄마가 원하는 답이 정해져 있는 닫힌 질문은 하지 말아주기를 부탁해요. 아이는 이렇게 대답하고 싶을 거예요.
"동생하고 싸워도 되겠어."
"오빠에게 대들어도 돼."

그런데 그렇게 대답하면 안 된다는 것을 아이들도 알고 있고 그래서 억울하고 속상하겠지요. 자신의 감정과 다르게 말하도록 강요하는 일이 없었으면 해요.

나를 닮은 아이, 별명은 하루에 아홉 번

밥도둑? 실물깡패? 언어가곧삶이다

"아~~ 씨발, 왜 내한테 지랄인데?"

"니 오늘 디질래?"

내가 교실에 들어서는 순간 아이들은 속삭입니다.

"과학 쌤이다 과학 쌤."

"소녀들, 예쁜 말 부탁해요."

"죄송합니다."

"선생님에게 말고 너 스스로에게 미안했으면 좋겠어요.

니가 하는 그 말은 상대방뿐만 아니라

너에게도 들리는 말이니까.

나는 욕을 하지 않아요. 나를 위해서랍니다.

욕을 한다고 쎄 보이지도 않고,

거칠게 말한다고 해서 폼나 보이지도 않아요.

과학 쌤이 늘 부탁하죠? 어떻게 말하라?"

"우아하고 품위 있게 말하라."

"누구를 위해서?"

"나를 위해서."

언어의 품격은 매우 중요해요. 깡패라는 말 어떤가요? 누가 그대에게 깡패냐고 묻는다면 기분이 좋을까요? 그런데 분위기 깡패, 실물 깡패, 얼굴 깡패, 비주얼 깡패 등 많이 쓰고 있지요. 국어사전에 깡패는 '폭력을 쓰면서 행패를 부리고 못된 짓을 일삼는 무리를 속되게 이르는 말'이라고 나와 있습니다.

자신이 가장 좋아하는 연예인이 얼굴 깡패, 실물 깡패일 때 아이들의 무의식에서 깡패에 대한 의미가 왜곡되지는 않을까요?

언어는 그 사회의 정서와 가치를 바탕으로 하고 있지요. 한글에는 있는 단어가 영어에는 없는 경우가 종종 있어요. 그중 하나가 '눈치'입니다. 익숙한 말이지요. 눈치를 보다, 눈치가 있어야 한다, 눈치가 빠르다, 눈치가 없다, 눈치채다 등등 다양한 표현으로 쓰이는 단어지요. '눈치를 보다'의 영어 표현은 read one's countenance입니다. 우리가 생각하는 눈치의 느낌과 다소 차이가 느껴지죠? 가치와 정서가 언어와 밀접한 관계를 보여준다고 할 수 있습니다. 언어는 고정된 것이 아니라 살아 움직이는 유기체이기도 하고요.

내가 가장 많이 드는 예로 파란 장미, a blue rose를 빠트릴 수 없지요. 자연 상태에서 피지 않는 파란 장미. 그래서 파란 장미는 일어날 수 없는 일, 불가능이라는 의미를 가지고 있었지만 유전공학의 발달로 가능하게 되었어요. 더이상 불가능의 의미가 아닌 파란 장미. 언어는 우리 삶의 가장 깊숙한 부분이며 가장 표면적인 것이라고 생각해요.

이제는 사용하지 못하게 됐지만 한때 많은 사람들이 이야기했던 마약 김밥, 마약 떡볶이, 마약 핫도그 등 음식 앞에 붙은 마약이라는 단어. 처음 그 단어들과 마주했을 때 든 생각.

'자신이 먹는 음식 앞에 마약이라는 단어가 붙어도 정말 괜찮은 걸까?'

남편과 동네를 산책하며 이런 이야기를 나눈 적이 있어요.

"여기 신고해야 되지 않나? 마약 김밥, 마약 떡볶이를 판단다. 마약 사범은 단속하고 잡아넣는다고 하면서 저런 건 쓰는 것도 읽는 것도 아무렇지 않으면 안 되지."

마약처럼 끊을 수 없이 자꾸 손이 가고 먹고 싶은 맛있는 음식이라는 의미겠지만 굳이 그런 표현을 해야 할까요.

언어는 무의식을 지배할 때가 많아요. 마약 김밥, 마약 떡볶이, 마약 핫도그 들로 인해 마약이라는 단어에 대한 사람들의 무의식은 마약이란 것 자체에 대한 가치 기준이 흐려져버릴 수도 있다는 생각이 들었거든요. 다행히도 우리와 비슷하게 사회적인 인식이 생기면서 음식 앞에는 더이상 그 단어를 붙이지 않게 되었지요.

밥도둑도 마찬가지예요. 아무리 맛있어도 내가 만들고 먹는 음식 앞에 마약이나 도둑이라는 단어를 붙이고 싶지는 않습니다. 아주 맛있는 음식이라는 표현으로도 충분하다는 생각이에요. 말이란 우리의 생각과 가치관에 은연중에 많은 영향을 미치니까요.

"이 사탕 먹으면 안 되죠?"와 "이 사탕 먹어도 돼요?"의 차이는 언뜻 별것 아닌 것 같지만 하나는 부정적인 물음이고 하나는 긍정적인 물음이니 엄청난 차이가 있어요. 이렇게 서로 다른 언어 습관은 결국 생각의 차이로까지 이어지고요. 어떤 문제에 부딪쳤을 때 '이거 안 되는 거 아냐?'를 생각하는 사람과 '이건 해보면 될 거야.'를 생각하는 사람의 차이는 엄청나니까요. 늘 쓰는 우리 언어이니 제대로 쓰는 것은 중요해요.

왜 욕을 하는 걸까요?

이유식보다 눈맞춤이 필요한 아이

난임으로 고생하다 8년 만에 엄마가 된 제자.

인스타 보면 대단한 엄마들이 많아서 자괴감이 들고,

좋은 엄마이고 싶은데 마음같지 않아 속상하다는 문자에

답글 대신 전화를 걸었습니다.

"나는 특별하게 이유식을 하지는 않았던 것 같아.

된장 끓이면서 연하게 간을 해서 아이 것을 조금 덜어내고

매운 고추 넣고 된장 더 풀어 우리가 먹을 걸 만들었거든.

농담처럼 그랬지. 조선 시대에 뭔 이유식이 있었겠냐고.

아이에게는 특별한 이유식보다

엄마 눈맞춤이 더 필요하다면서.

뜨개질해서 만든 옷을 너무 싫어하는 친구가 있어.

어릴 때 엄마가 늘 뜨개질을 해서 옷을 만들어 입히셨대.

자기는 엄마와 같이 놀고 싶은데

예쁜 옷 만들어줄 테니 혼자 놀고 있으라고,

자기는 뜨개질한 옷이 필요한 것이 아니라

엄마와 마주보고 같이 놀고 싶었다고."

아이와 마주보기는 매우 중요해요. 내가 했던 몇 가지 팁을 소개할게요.

'직장 다니는 엄마' 하면 가장 먼저 떠오르는 것이 '바쁘다'인데, 나는 '짧지만 몰입하여 아침 시간 같이하기'를 했어요. 아이를 식탁에 앉혀두고 아침이 준비되는 동안 아이가 좋아하는 책을 읽어주거나 종이접기를 했답니다. 생각보다 시간이 걸리지 않고 아이에게는 선물을 만들어달라고 하고 아이가 집중하는 사이 출근 준비를 했어요.

퇴근해 만나면 가장 먼저 안아주기. 아이가 안겨오는데 "잠깐만, 엄마 손부터 씻고."라는 말로 기다리게 하지 않고 싶었어요. 하루종일 엄마를 기다린 아이에게는 그 짧은 시간도 힘겨울 수 있으니, 우리 사랑이, 따뜻한 포옹이 세균을 이길 것이라는 마음으로. 항균 물휴지를 차에 두고 집에 가기 전에 손을 깨끗이 닦는 나름의 방법도 생겼고요.

우리 아이들이 제일 좋아하는 건 저녁 산책이었어요. 저녁 먹고 아이들과 윈도우 쇼핑을 하며 산책을 하는 거죠. 늘 비숫한 코스를 돌지만 매일 어찌 그리 다른지 몰라요. 과일 가게만 해도 그날그날 진열되어 있는 과일이 다르고, 500원으로 우리의 집중력을 최대한 높일 수 있는 인형 뽑기 등등. 그 어디에도 그토록 생생하고 빠르게 변화를 보여주는 박물관은 없으니 우린 그 박물관을 향해 거의 매일 저녁 현관문을 나섰답니다. 집에서 아이들과 놀아주는 것보다 훨씬 덜 피곤하다는 것이 경험을 통해 알게 된 비밀이었어요.

가끔 우리 집 거실은 발 디딜 곳이 없어서 길을 만들어가며 걸어야 했어요. 아이들이 놀 때는 그냥 두기.

하루는 둘째가 "엄마, 청소 좀 하지 마세요. 어지르려고 하니까 미안하잖아요."라고 하기에 한참을 웃었답니다. 미안하다니, 모든 게 정리되어 있는 상태를 자신이 망가뜨린다는 생각에 그런 마음이 든 모양이었는데 사실 반가웠답니다. 그리고 함께하는 청소 놀이. 예를 들면 흰 장갑 검게 만들기 놀이는 아이들 손에 물기가 있는 흰색 면장갑을 끼워주고 까맣게 만들기 놀이에요. 장갑이 까맣게 될 때까지 구석 구석 먼지를 닦아오게 하는 거죠. 대회를 열어 보상을 주기도 하고요. 놀이를 빙자한 노동이었는데 효과는 대단했답니다.

이따금 퇴근길에 김밥이나 제과점의 샌드위치 등을 사서 아이들과 동네 놀이터로 밤소풍을 가기도 했어요. 아이들은 이 밤소풍을 정말 좋아했는데 별것 아니지만 놀이터 벤치에 앉아 먹는 것이 좋았던 모양이에요.

아이들과 밤소풍을 나와 먹는 음식은 비록 영양이나 정성은 부족할지 몰라도 아이에게 웃는 얼굴을 보여줄 수 있으니 그것만으로도 소중한 시간이었고 놀이터나 공원에서 아이들이 노는 동안 나도 좀 쉴 수 있는 보너스를 얻을 수 있어 더욱 좋았어요.

우리 아이들은 학교 놀이를 좋아했는데 엄마가 뭘 제대로 못하면 너무 신기하고 재미있는 모양이었어요. 내가 영어를 버벅거릴 때에도 배를 잡고 웃는 아이들에게 자신들보다 못하는 엄마의 모습을 보는 즐거움을 주려고 나는 영구가 되고 맹구가 되었었답니다.

아이의 특기나 소질을 발견하고 싶은 마음은 어느 부모나 마찬가지일 겁니다. 나는 식사 준비나 요리할 때 아이들에게 도움을 청하곤 했는데 첫째가 요리에 유난히 흥미를 보인다는 사실을 알게 되었어요. 그래서 큰아이와 아이 친구들에게 토요일 오후에 빵과 과자를 굽는 요리교실을 열어주었더니 모두들 너무 좋아했고요.

요리는 아이들에게 좋은 교육 효과를 가져다준답니다. 먼저 요리법의 정확한 이해 없이는 요리를 할 수 없으니 집중

하여 읽고 내용을 파악하는 능력이 길러집니다. 또 저울이나 계량스푼 등 여러 가지 계량기구들의 사용법을 익히는 것은 물론이고 부피나 무게에 대한 개념도 배우고 그 단위에도 익숙해지지요. 섬세한 손놀림이 필요하기 때문에 민첩함과 유연성까지 기를 수 있고, 함께 요리를 할 때는 아이들끼리 의견을 주고받을 수 있으니 협력 학습에 토론 학습까지 되기도 하지요. 요리 후 뒷정리도 아이들에게는 큰 공부이고요.

덕분에 아이들은 초등학교 시절부터 케이크나 머핀 정도는 혼자 척척 구워내고 참치김치볶음밥도 나보다 훨씬 맛있게 만들었어요. 요리를 예쁘게 차려내고 싶은 마음에 창의력까지 쑥쑥.

아이들이 어릴 때 우리 집은 주방에 서재가 있었어요. 식탁이 있어야 할 자리에 벽 가득 책장이 있고 컴퓨터와 책상이 있어 사람들이 놀라곤 했어요. 마루가 깔린 화장실과 변기와 마주 보이는 곳에 달린 칠판에 한 번 더 놀라고요. 따뜻한 느낌을 위해 특별히 나무 프레임으로 주문한 하얀 칠판이었는데 쓰임새가 다양했어요. 아이들에게 편지를 써두면 하루에 적어도 서너 번은 그걸 보게 되고, 나를 따라 화장실에 들어오는 아이의 그림 낙서판이 되어주고, 나무 프레임에 아이의 사진, 영어공부 자료 등을 붙여두고 볼 수 있고, 그날 외운 영어 문장들을 즉석에서 적어 암기력 테스트를 해볼 수 있어 아주 유용했답니다.

화장실뿐만 아니라 주방 벽과 아이들 방 벽에도 커다란 칠판이 있었고, 이동식 칠판까지 있었어요. 낙서하지 말라는 말 대신 아이들이 마음껏 쓰고 그릴 수 있기를 바라는 마음에서였는데 아이가 써놓은 시와 그림으로 갤러리가 되기도 했고, 고등학생이 되었을 때는 수학 문제를 풀기도 하고, 친구들이 오면 함께 낙서를 하면서 놀 정도로 칠판은 아주 유용했답니다.

사소한 것이지만 내가 좀 더 신경을 쓴 것이 바로 수건걸이였어요. 둘째 아이 키 높이에 수건걸이를 하나 더 달아 아이가 직접 수건을 걸 수 있도록 했거든요. "수건 아무 데나 두지 마."라는 말을 하기 전에 걸어둘 곳부터 마련해줘야겠다고, 아이와 마음의 높이도 맞추고 싶었기 때문이었어요.
각자의 환경과 상황에 맞추어 그대만의 팁을 만들어가기 바래요.

남편의 요술망원경

영어 듣기는 100점인데
왜 우리말은 못 알아듣지?

"선생님이 들려주는 말이

맞는 말인지 틀린 말인지 잘 들어보세요.

두 물체를 서로 긁었을 때

흠집이 생기거나 부서지는 것이 덜 단단한 것이다.

어때요? 맞는 말일까요? 틀린 말일까요?"

아이들은 맞나? 틀리나? 의견이 분분합니다.

광물의 굳기에 관한 수업 중 한 장면.

"영어 듣기는 한 번만 들려주지만

친절한 과학 쌤은 한 번 더 들려줍니다. 잘 들어야 합니다.

영어 듣기만 중요한 게 아니에요.

이게 되어야 공부가 쉬워져요."

한 번 더 들려줘도 고개를 갸우뚱하는 아이들이 많답니다.

실험 방법을 설명하고

"자~ 이제 시작해 보세요."라고 하면

아이들은 마주보며 말합니다.

"뭐 해야 되는데?"

잘 듣지 못하는 아이들. 선생님의 설명을 들어도 무슨 말인지 모르는 아이들이 많아요. 처음에는 말을 안 듣는 거라 생각했는데 듣고 싶어도 경청하는 습관이 제대로 들지 않아 못 듣는 경우가 많았어요.

　"쌤~~ 우리 말이 더 어려워요. 영어 듣기는 100점 맞았거든요. 근데 저 말이 맞는지 안 맞는지. 들리기는 들리는데 맞는 말인지를 모르겠어요."

　영어 듣기는 시험이라도 치니 연습을 하지만 우리말 듣기는 연습도 하지 않아 더 어렵다고 합니다.

　"필기한 내용은 두 물체를 서로 긁었을 때 흠집이 생기지 않거나 부서지지 않는 것이 더 단단한 것이다 이고, 선생님이 들려준 내용은 그것과 같은 의미에요. 필기한 내용은 더 단단한 조건이고, 선생님이 들려준 내용은 덜 단단한 걸 말하고 있지만 의미는 같지요. 경청의 중요성과 함께 공부를 할 때 선생님이 적어준 문장을 토씨 하나 틀리지 않고 그대로 외우기만 하지 말라는 부탁을 하고 싶어요. 같은 의미지만 다양하게 표현할 수 있다는 것을 이해하고 너무 강박적으로 공부하지 말았으면 해요. 잘 듣고 이해하고 자신만의 언어로 표현할 수 있으면 해요."

종종 이런 말을 듣습니다.

"뭘 시키면 제대로 안 해서 정말 화가 나요. 이야기를 안 듣는 건지. 듣고도 생각없이 지 맘대로 하니 속이 터지고. 엄마가 이렇게 하라고 했어? 뭘 제대로 하는 게 없어? 라며 고함을 지르게 되고. 정말 왜 그러는지 모르겠어요."

아이는 일부러 그러는 게 아니라 무엇을 해야 하는지 제대로 알지 못해서 그럴 수 있어요. 제대로 듣고 이해하는 능력을 키워야 하는 이유이지요.

조금 다른 이야기인데 딸아이가 중학교 1학년 여름 방학 국어 과제로 〈읽어야 할 책 목록〉이라고 적어온 것 중에 눈에 띄는 것이 있었어요.

"배때리기? 이런 책이 있나?"

아이에게 물으니

"배때리기 맞는데요. 칠판에 분명히 써 있었어요. 배때리기라고. 친구도 웃긴다고 책 제목이 무슨 배때리기냐고, 무슨 내용인지 궁금해서 그 책은 꼭 읽을 거라고 했어요."

"혹시 배따라기 아니었어?"

"아닌데… 분명 배때리기였는데…."

아이가 읽어야 했던 책은 《배따라기》였어요. 아이는 그 소설을 읽고 이런 감상문을 썼어요.

책을 다 읽고 난 뒤에도 배따라기가 무슨 뜻인지 알 수가 없었다. 그래서 찾아보니 배따라기의 뜻은… (중략) 그런데 이해하기 힘든 것은 왜 이 책이 꼭 읽어야 하는 책인지 모르겠다는 거다. 어른들 이야기인데 재미있지도 않고 감동도 없고, 뭔가 배울 것이 있는 것도 아니고.

아이가 배따라기를 배때리기로 적어 온 것은 아이의 경험치 안에 있던 것이 배때리기였기 때문일 겁니다. 아이들이 일을 엉뚱하게 하는 이유 중 하나이기도 해요. 말을 다 이해하지 못하니 자기 경험치 안에서 처리하게 될 테니까요.

"이해가 안 되었다면 꼭 다시 물어보세요. 대충 듣고 자기 방식대로 해석해서 엉뚱한 결과를 가져오지 않도록. 잘 듣는 태도와 질문하는 태도는 꼭 필요합니다."

이러면서도 고개를 갸우뚱하게 되는 과학 쌤,

'알아들은 거 맞나?'

세상에 재밌는 공부가 어딨어?
힘들어도 참고 해

중학교 들어가더니 말을 어찌나 안 듣는지.
학원에도 안 가겠다고 하고.
공부를 왜 해야 하는지 모르겠다네요.
공부가 재미없다고.
이러니 고함이 저절로 나올 수밖에요.

"세상에 재밌는 공부가 어딨어? 힘들어도 참고 해!
다들 그렇게 살아.
지금 힘들어도 참고 공부해야 대학을 가지?
나중에 뭐하고 살 거야? 응?"

왜 학교에 다니고 왜 공부를 해야 하냐며
대드는 아이 때문에 속상해 죽겠어요.

공부를 해야 하는 이유를 묻는 아이와 이야기하기 위해서는 엄마의 공부에 대한 관점 전환이 먼저 필요해요. 아이가 관심을 가지는 일에서부터 시작해야 하거든요.

"우리 아이는 공부는 정말 싫고 야구만 하려고 해요."

엄마에게 야구는 공부가 아니지만 그 아이에게는 야구의 규칙이나 경기 방식 등에 관한 공부가 필요하겠지요. 자신이 관심을 갖는 것에 대해 인정 받고, 그것을 조금 더 깊이 알아갈 수 있도록 동기부여를 해주는 것이 필요해요. 딸의 꿈이 문방구 주인이라는 말에 실망하고 속상하다던 친구.

"초등학교 여학생에게 문방구는 꿈의 장소이니 인정하고 응원해줘. 다이소나 홈플러스 주인으로 크기를 키워줘도 되고, 작은 문방구를 선택한다면 그건 아이의 몫이지 않을까? 규모가 크다고 행복하고 작다고 행복하지 않은 건 아니잖아. 프랜차이즈 아닌 작은 카페를 하면서도 행복한 사람 많고."

친구 딸은 지금 외국계 자동차 회사의 딜러가 되어 멋진 삶을 살고 있답니다.

〈왜 공부를 해야 하느냐고 묻는 아이들에게〉

공부는 과연 왜 해야 할까? 공부 잘하는 게 인생의 전부는 아닌데 왜 자꾸 공부를 하라는 것일까?

공부를 하지 않는 이유에 대한 대답으로 많은 아이들이 "지금은 한 가지만 잘하면 된다."라고 말하더구나. 자신의 꿈을 이루기 위해 그 분야에 집중해서 노력하는 게 더 현명하다는 것이지. 선생님도 그 부분에는 동의한단다.

하지만 예를 들어서 컴퓨터에 관한 일을 하고 싶은 사람이 있다고 해보자. 그 사람이 그 분야의 공부를 하려면 컴퓨터에 관련된 책을 많이 봐야 할 거야. 그리고 여러 곳의 자료를 찾기 위해서는 영어도 알아야겠지. 또한 컴퓨터도 여러 분야가 있으니 각 분야에 관련된 다양한 지식도 가지고 있어야겠지? 그럼 이런 것하고 과학 공부하고 무슨 관련이 있을까? 언뜻 보기에는 아무런 관련이 없는 것 같지?

모든 사람이 과학을 좋아하고 과학 시험에서 반드시 100점을 받아야 할 필요는 없어. 내가 너희들에게 바라는 것은 공부를 향한 맹목적인 복종이 절대 아니야. 단지 선생님은 너희들이 문제해결 능력을 갖추길 바라는 거야.

내가 학습지를 내주는 이유는 너희들 스스로가 자료를 찾고, 주어진 과제를 해결하는 방법을 이리저리 궁리하고, 서로 토론하는 과정에서 논리적인 사고력을 기르고 대화의 기술을 터득하길 바라기 때문이란다. 그것은 나중에 컴퓨터 분야에서 일하게 될 때 꼭 필요한 능력이지. 아니, 컴퓨터뿐만이 아니라 다른 일을 하는 데에도 기초가 되는 것이란다. 난 성적보다는 수업 시간에 임하는 자세, 즉 단 한 문제라도 스스로의 힘으로 해결해보려는 자세가 중요하다고 생각한단다. 아무리 재미있다고 생각되는 일이라도 언젠가는 어려움이 생길 것이고 밤새워 끙끙거릴 수도 있거든. 그럴 때 스스로 생각할 수 있는 능력을 가진 사람이라면 훨씬 빠른 시간 안에 쉽게 문제를 극복할 수 있을 거야.

그렇다면 아무짝에도 쓸모가 없는 것처럼 느껴지는 과학을 왜 공부해야 하는지 이해가 되지 않니? 그래, 바로 생각하는 연습을 하기 위해서야. 스스로 생각하는 연습을 많이 하는 사람은 나중에 어떤 일을 하더라도 다른 사람과는 다르지 않을까? 곰곰이 한번 생각해 봐. 어떤 일을 하더라도 책을 읽고 자료를 보면서 배워가는 것은 모두 똑같지 않겠니?

선생님이 생각하기에 가장 열심히 해야 하는 것은 국어란다. 너희들이 과학을 공부할 때 용어 때문에 어려움을 느끼는 것도 책을 많이 읽지 않아서거든. 그다음으로는 사회를 열심히 하기 바란다. 우리가 살아가고 있는 이 사회에 관한 것이니 많이 알수록 유리하겠지. 그리고 또 꼽아보자면 영어야. 우리 아이는 만화 그리기를 좋아하는데 만화에 관한 유용한 정보가 외국 사이트에 많다더구나. 자기가 하고 싶은 공부를 하려면 외국어는 공부해야겠지. 선생님도 지금 새로 영어를 시작하려고 한단다. 그래서 하는 말인데, 과학시간 45분 동안만이라도 스스로 생각하는 습관을 가져주었으면 좋겠어.

고고학자가 될 사람은 대학에 가야 할 텐데 국사와 사회만 공부해서 대학의 고고학과에 갈 수 있을까? 수의사가 될 사람은 대학에 가지 않고 수의사가 될 수 있을까? 자기가 좋아하는 과목만 열심히 해서 꿈을 이루는 게 가능할까?
대학을 꼭 가지 않더라도 얼마든지 훌륭한 일을 할 수 있어. 하지만 지금은 중학교를 계속 다닐 거잖아? 과학은 일주일에 4시간이야. 그 귀중한 시간을 낭비하고 싶지는 않겠지?

그리고 선생님이 조금 설명해주면 금방 알 것 같은데, 선생님이 무서워 모르는 것도 질문하지 못한다는 이야기가 있더구나. 맞아. 선생님은 시간이 걸리고 힘들어도 될 수 있으면 스스로 해결해보라고 말하지. 우리 집 아이에게도 먼저 대답을 해주기보다는 스스로 찾아보라는 말을 해. 숙제를 할 때에도 컴퓨터 말고 백과사전을 뒤져 찾으라고 하지. 컴퓨터로 찾은 자료는 웬만해서는 눈으로 읽게 되지 않으니까. 그리고 백과사전을 찾다 보면 그 과정에서 다른 것들까지 덤으로 알 수도 있단다.

난 우리 2학년들을 참 사랑해. 그래서 스스로 생각하고 주어진 문제를 해결해보려는 자세를 꼭 가르쳐주고 싶단다. 강의식 수업이 낫다는 너희들 말에 기운이 빠지기도 하지만 너희들 의견을 존중해야겠지. 일단은 너희들이 원하는 대로 강의식 수업을 해보도록 할게. 그러나 내가 하는 이야기를 한번 곰곰이 생각해보렴.
내 생각이 다 옳다는 것은 아니지만 선생님의 생각이 이렇다는 것을 이야기해야 할 것 같아서 이렇게 편지를 쓰는 거야. 과학책의 내용을 그대로 써먹으면서 살아가지는 않겠지만 난 그 과학을 열심히 하다 보면 생각이 자라고 논리적으로 사고할 줄 알게 되어 다른 일들까지 쉽게 해결할 수 있는 사람으로 성장한다고 생각해.

- 사랑하는 공주들에게 과학 선생님이

플래너로 공부 계획 세우기와 공부 잘하는 친구 벤치마킹하기

영어유치원 나왔는데
영어 점수가 뭐 이래요

중1 첫 중간고사 영어 시험을 치고
눈이 퉁퉁 붓도록 울고 있는 아이.
종례 시간에도 엎드려 일어나지 않더군요.
교실 청소가 끝났는데도 아이는 그대로였어요.
"이제 교실 문을 잠가야 하는데 어쩌지?
조금 더 기다릴까?"
아이가 갑자기 시험지를 갈기갈기 찢으며 말합니다.
"저 영어유치원 나왔거든요.
영어 때문에 사립초로 전학도 두 번이나 갔고.
그렇게 영어영어 목숨을 걸었는데 영어 점수가 뭐 이래요?
다른 건 몰라도 영어는 이러면 안되거든요.
어려운 것도 없고 다 아는 단어들인데. 근데 점수는…"

하나의 언어를 습득하여 그 언어로 자신의 의사를 자유롭게 표현하려면 보통 6년에서 10년 정도 걸린다고 합니다. 나와 우리 아이들이 모국어를 배우는 과정, 즉 말과 문자를 통해서 상대방과 의사소통을 할 수 있게 되기까지의 과정을 보면 맞는 말이다 싶어요.

　아이 때문에 본격적으로 영어를 해야겠다고 생각한 지 4년째 접어들었을 때 나의 영어 실력을 이렇게 표현했어요.
　"(한글을 기준으로) 엄마의 열성적인 조기 교육으로 이제 겨우 말하고 읽는 것이 즐거워진, 그래서 동네 간판을 보면 모두 읽고 지나가는 네댓 살의 어린아이 정도."
　문법을 먼저 공부한 후에 정확한 영작을 하려 하기보다는 다양하게 듣고 직접 쓰는 과정에서 자연스럽게 그 언어에 젖어드는 거지요. 나는 영어가 잘되지 않는 가장 큰 이유가 영어로 말을 주고받을 대화 상대가 없기 때문이라고 생각합니다. 언어는 그 언어를 사용할 때만 언어가 되어주니까요.

엄마들이 아이를 영어유치원에 보내는 이유도 같을 거라 생각해요. 그렇게 생각하면 육아와 아이 영어라는 두 마리 토끼를 잡을 수 있는 방법은 '아이와 함께하는 영어'지요.

나는 영어학원 대신 아이에게 영어 그림책을 읽어주는 것을 선택했어요. 아이가 영어를 잘하면 좋겠지만 정서적 안정감, 배우는 것에 대한 압박감 없이 영어를 또 하나의 언어로 받아들이기를 바랐기 때문이었어요. 우리 아이들은 '영어' 하면 곧 '엄마'가 떠오르고 그래서 영어가 좋았다고 해요. 엄마와 함께 보는 영어 그림책, 엄마가 읽어주는 영어 문장들. 그것과 함께 떠오르는 편안하고 행복했던 시간.

가장 중요한 것은 영어를 해야 하는 이유를 스스로 찾도록 하는 것이었어요. 첫째에게는 유학을 가고 싶다는 꿈이 영어 공부의 원동력이 되어주었고, 둘째는 게임을 더 잘하기 위해서 영어를 공부했답니다.

첫째 아이가 런던으로 유학 가서 처음에는 교수님의 이야기를 절반 정도밖에 알아들을 수가 없어서 교수님 강의를 녹음해서 듣고듣고 또 들으면서 공부했다고 해요. 둘째 아이는 고등학교 시험 성적에 따라 A, B, C로 나누어 수준별 영어 수업을 하게 되었어요. A반에 간 딸에게 선생님이 보기보다 영어를 잘한다고 했다는 이야기에 남편이 흥분했어요.

"보기가 어때서?"

"아빠, 사실 저 그렇게 공부 잘하는 아이로 안 보여요. 좀 날라리하게 보이는 게 사실이에요. 선생님이 놀랄 만도 하죠. 영어는 게임 때문에 늘 하니까. 또 해리포터 책 좋아하고 CSI를 하도 보니까. 그냥 쫌 하는 거예요."

이렇게 아이들은 각자의 길을 잘 찾아가며 그 과정에서 자신의 영어를 타인에게로 확장해가는 모습을 보여주었어요.

첫째는 수능치고 난 뒤 가장 먼저 한 일이 보육원 아이들에게 영어를 가르치는 것이었어요. 영어 지식이 가장 많이 있는 상황이니 그걸 다른 사람들을 위해 쓰고 싶다면서 과외가 아닌 봉사활동을 선택했어요.

둘째는 고등학교 시절 '영어 그림책 만들어 읽어주기'라는 자율 동아리를 만들었어요. 자신은 엄마가 읽어준 영어 그림책의 추억이 너무 행복해서 보육원 아이들에게는 자신이 그 역할을 해주고 싶다고. 친구들과 재미있는 영어 그림책을 직접 만들고 보육원을 찾아가 아이들에게 읽어주는 활동을 통해 자신의 추억을 공유하는 모습을 보여주었답니다.

아이를 위해 영어를 공부하겠다는 엄마들에게

이 성적이 너에게는 어때?

다음 중 괜찮은 성적을 고르시오.
96점
82점
65점
30점

어떤 성적이 괜찮은가요?
첫째 아이가 대학 기숙사로 떠나기 전날 밤 그러더군요.
엄마와 같이 산 시간 동안 수많은 일이 있었는데
가장 크게 남아 있는 게 뭘까 생각해보니
시험 끝내고 집에 돌아왔을 때
단 한 번도 시험 잘 쳤느냐는 말을
들어본 적이 없었다는 거라고.
엄마는 그거 기억하느냐고. 너무 고맙고 좋았다고.

시험 기간 아이들과 어떻게 보내세요?

시험 목표와 계획은 아이가 세우게 하고 점검도 아이 스스로 할 수 있도록 해주세요. 공부 계획은 시간이 아닌 양으로, 시험 목표는 등수가 아니라 각 과목에서 자신이 받고 싶은 점수가 되게 지도해주세요. 엄마의 목표가 아닌 아이의 목표가 되어야 그것을 실행하고 지키고 싶은 마음도 생긴답니다. 시간이 아닌 양으로 공부 계획을 짜면 빨리 끝내고 노는 시간을 만들 수 있어 몰입하게 되거든요. 확보된 노는 시간은 제대로 놀아야 다음 공부를 위한 동기부여가 된답니다.

만화를 정말 좋아하는 아이. 고등학교 2학년 시험 준비 기간에 아이가 빌려온 만화를 같이 읽으며 말했어요.

"너 잘해야 돼."

"(어깨를 으쓱하며) 뭔 말씀?"

"아까 ○○이 엄마 전화 왔을 때 엄마가 큰소리 뻥뻥 쳤잖아. 아이에게 너무 공부공부 안 해도 된다고. 엄마는 너 믿고 이렇게 큰소리 치고 있는데, 그래서 많은 사람들이 너 어쩌나 지켜보는 눈이 많은데 너 잘해야 한다는 거지. 엄마가 자녀교육서를 쓴 사람이잖아. 너 실패하면 엄마 사기꾼 되는 거잖니, 호호호."

"그렇게 되면 엄마가 뻥친 게 된단 말씀이네요. 호호호."

"그런 셈이지. 꼭 1등을 해야 한다는 것도 일류 대학에 가야 한다는 것도 아니야. 그 목표는 네가 정하는 거니까. 네가 하고 싶은 것을 하면서 행복하게 살면 돼. 엄마가 바라는 성공은 네가 원하는 것을 하면서 사는 거야. 엄마가 너 고등학교 들어가고 일을 왜 안 늘리는지 아니?"

"그러게요. 해도 되는데… 다른 건 몰라도 엄마가 제일 좋아하는 방송은 하세요."

"얼마 전에 출판사에서 같이 일을 해보자는 제의가 있었어. 큰 출판사라 욕심이 나긴 했지만 이렇게 답글을 보냈지. 아이가 고등학생이고, 지금 약속한 원고도 완성을 못하고 있는 상태인데 더이상 일을 늘리는 것은 곤란하다고 말이야. 어떤 사람은 아이가 고등학생이면 다 컸으니 일할 시간이 많을 거라고 하지만 내 생각은 달라. 네가 학교에서 돌아와 잠시, 하루에 십 분, 길면 삼십 분 정도 엄마랑 보내는데 그 시간만큼 가장 편안하게 너를 바라봐주고 안아주려면 엄마가 느긋하고 여유 있어야 한다고 생각해. 너에게 큰 힘은 되어

주지 못하더라도 가장 편안한 휴식처가 되어줄 준비를 하고
있다가 언제든 너를 기꺼이 안아줄 수 있었으면 좋겠어."

"오늘처럼요?"

"응. 너 공부하다 잠시 산책하고 싶다 할 때 같이 나가고
만화 빌려 와 옆에서 뒹굴며 같이 보고 좋잖아?"

시험 성적… 세상 모든 아이들이 좋은 성적을 받고 싶을
겁니다. 하지만 석차라는 이름하에 등급이 매겨지는 아이
들. 모든 아이들이 1등급을 받고 싶지만 9등급을 받는 아이
도 있어야 하는 현실. 그러기에 그 아이들을 더더욱 따뜻하
게 가슴으로 안아줄 누군가가 절실히 필요해요. 바로 부모인
우리들이지요. 시험치고 오는 아이에게 잘 쳤어? 몇 점이야?
라고 묻기 전에 사랑을 듬뿍 담은 시선으로, 따뜻한 두 팔로
가슴에 꼬옥 안아주기로 해요. 수고했다고, 그 어떤 결과여
도 너를 사랑한다고.

중간고사를 앞두고 학부모님들께 보낸 문자
중1 학부모

중2 학부모

그집 애는 공부 잘하죠?

함께한 외출에서 돌아온 어머니께서 화를 내셨어요.
"눈치 빠른 줄 알았더니 오늘 보니 영 아니로구나.
엄마가 그렇게 눈치를 줘도, 정말? 쯧쯧쯧.
애 공부 잘하냐 물으면 그저 가볍게 고개나 숙이든지
열심히 한다든지 할 것이지
꼬박꼬박 잘한다고 대답할 건 뭐냐?
난다 긴다 하는 애들도 막상 대학 어디 갔냐 물으면
뜻밖일 때가 얼마나 많은데.
너처럼 그렇게 잘한다, 잘한다 하면
다들 그 잘한다는 딸 어느 대학 가나 보자 할 텐데,
잘해서 좋은 대학 가면 다행이지만 나중에 어쩌려고.
뭘 그리 대단하게 잘한다고? 1등 하는 것도 아니라면서.
이런 거 보면 넌 헛똑똑이야. 그저 겸손하게
'네, 열심히 한다고는 하는데, 나중에 봐야 알죠.'라고
넘어가면 좀 좋아.
애가 진짜 말귀가 어두워서는…."

"그 집 애는 공부 잘하죠?"

"네, 잘해요."

친정어머니와 함께 외출을 했는데 아는 분들을 유난히 많이 만났고, 만나는 분들마다 묻길래 대답을 했는데 어머니께서 내 옆구리를 쿡쿡 찌르며 눈치를 주셨어요. 그러시는 이유를 잘 알지만 모른 척했지요. 다섯 아이를 키우신 경험이겠지만 나는 어머니와 생각이 달랐거든요. 누가 물어도 우리 아이가 공부를 잘한다고 대답하는 이유는 두 가지였습니다.

하나는, 아이가 곁에 있든 없든 언제나 엄마의 긍정적인 에너지가 아이에게 전해진다고 믿기 때문이에요. 그래서 아이가 잘하고 있다고, 그리고 앞으로 더 잘할 거라는 에너지를 담아 이야기를 해주고 싶었어요. 두 번째는, 전교 1등, 반에서 1등은 아니지만 나의 기준에서는 아이가 정말 잘한다고 생각하기 때문이에요.

'잘한다'는 몇 등까지를 말하는 걸까요? 공부를 잘하는 아이뿐만 아니라 공부를 못하는 아이들도 등수에는 결코 무심해질 수 없답니다.

보호관찰 청소년과 6개월에서 길게는 2년까지 아이의 보호관찰 기간 동안 일대일 멘토가 되어주는 자원봉사활동을 꽤 오래 했었어요. 그 활동으로 만난, 누나와 둘이 살고 있던 고등학교 2학년 J는 35명 중 35등, 학교 다니면서부터 언제나 꼴찌였다고 해요. J가 처음으로 시험공부를 해야겠다고 선언하자 34등 하는 아이가 충격을 받더라면서 J가 전한 말.
"쌤, 그 새끼가 공부해요. 형광펜도 사고."
J가 늘 35등이니 꼴찌 할 걱정은 없다며 느긋한 마음으로 학교생활을 해왔는데 갑자기 꼴찌가 공부를 하겠다고 하니 너무 놀라 공부를 하기 시작했다는 겁니다.
성적표 받는 날, 우리 집 두 아이 성적도 그렇게 궁금한 적이 없었는데 J가 34등을 너무 하고 싶어 하니 나도 덩달아 긴장과 기대를 하게 되어 J의 담임 선생님께 전화를 걸었어요.
29등을 했다는 소식에 아이 집으로 달려갔는데 기뻐하고 있을 줄 알았던 아이는 이불을 뒤집어쓰고 누워서 내가 하는 말에 대꾸도 않는 겁니다.
잘했다고 칭찬해야 할 것이 아니라 먼저 물어보아야 하죠.

이 성적이 너에게는 어떠냐고. 아이는 벌떡 일어나 앉으며 잔뜩 화가 난 목소리로 말하더군요.

"34등 그 새끼는 22등 했단 말이에요."

경쟁과 비교라는 것이 아이를 불행하게 만든 거죠. 29등 한 자신을 칭찬해주고 기뻐해야 하는데 친구가 22등을 해서 상처받고 슬픈 아이. 어른의 기준과 아이의 기준은 이렇게 너무 다를 때가 많답니다.

아이들과 같이 있는 자리에서 아이 공부 잘하느냐는 질문을 받을 때가 있어요. 그때,

"잘하기는요, 뭐…. 한다고 하긴 하는데, 나중에 대학 가는 걸 봐야 알죠."라고 대답하는 부모들이 있어요. 옆에서 그 말을 듣는 아이의 심정은 어떨까요?

시어머니와 함께 있는데 "며느리 잘하죠?"라는 질문에

"잘하기는요, 뭐. 자기 딴에는 한다고 하는데, 두고 봐야 알죠."라고 한다면 어떤 기분일까요?

나중은 나중이고 지금 열심히 하고 있는 아이의 마음이 더 중요하지 않을까요?

시험 기간 동안 아이들과 행복하신가요?

우리집은 외동딸만 둘

40년 지기 친구 : 작은애가 그러더라. 엄마는 형만 이뻐했다고. 형을 볼 때는 엄마 입이 웃고 있는데 자기를 바라볼 때는 (두 손가락으로 입가를 아래로 쭈욱 내리면서) 늘 이랬다고. 그 말을 듣고 생각해보니 진짜 그랬던 거 같아. 큰애는 말도 잘 듣고 공부도 잘하는데 작은놈은 공부에 관심도 없고 자꾸 말썽만 부리니까. 근데 지금은 큰애는 아직도 공부한다고 저러고 있고 작은애는 자기 밥벌이를 하고 있네. 키울 때는 이럴 거라고는 상상도 못했지.

나 : 난 후회하지는 않지만 조금 더 잘할 걸 하는 순간이 있어. 둘째 아이 초등학교 입학을 위해 이사를 하게 되었고 어쩔 수 없이 중2 올라가는 첫째를 전학시켜야 했거든. 그때로 돌아가도 같은 선택을 하겠지만 큰애 마음을 조금 더 살뜰하게 살펴주고 더 자세하게 엄마가 왜 그런 선택을 하는지를 이야기해주고 싶어. 잘 받아들였겠지, 하면서도 그때만 생각하면 많이 미안하거든. 중2에 전학은 정말 큰 일인데 말이야.

둘째 아이가 초등학교에 입학하면서 지금의 집으로 이사를 왔어요. 그 당시 사립 초등학교 외에 급식실이 있는 유일한 학교였고, 급식실이 있다는 이유만으로 온 가족이 이사를 했습니다. 급식실이 없으면 급식 당번이 교실로 음식들을 날라야 하는데 그 당시의 아이에게는 무리였어요. 몸이 약해 급식 당번을 하지 못한다면 상처받게 될 거고, 친구들에게 늘 미안한 마음을 가지게 될 것이고, 친구들 또한 이해는 하지만 자신들이 더 많은 일을 해야 하는 상황이니 어린 마음에 힘들 수도 있다고 생각했기 때문이에요.

　가장 미안한 건 중학교 2학년 올라가던 첫째였어요. 첫째가 초등학교에 입학한 지 3일 만에 동생이 태어났는데, 그날 아이가 자기에게 약속해달라고 한 것이 있었어요.

　"동생은 제가 사랑해줄 거니까 엄마 아빠는 절 사랑해주세요. 엄마 아빠가 절 사랑해주면 그만큼 제가 동생을 사랑해줄게요. 그리고 동생에게 양보하라고 하지 마시고요. 동생 편만 들어주시지 말고 똑같이 대해주세요."

그런데 난 그 약속을 자꾸만 어겼습니다. 당장 둘째가 태어나던 해의 많은 시간을, 심장병 치료를 위해 둘째와 함께 병원에 있다 보니 첫째는 엄마와 떨어져 있어야만 했거든요. 아이는 늘 동생에게 엄마를 양보해야만 했답니다.

주변에서 동생 보는 집이 있으면 난 무조건 큰아이에게 관심을 가져주라고 말합니다. 갑자기 언니 오빠가 되어버려 당황스러운 아이 마음을 헤아려주는 게 무엇보다 중요하다고.

아이는 급기야 무단결석까지 하더군요. 왜 그랬냐고 물으니까 "엄마가 저한테 관심이 있는지 알아보려고요." 하면서 눈물범벅이 된 얼굴을 보며 얼마나 미안하고 마음이 아프던지요. 그런 아이에게, 그것도 중학교 2학년 사춘기를 지나고 있는 아이를 동생 때문에 전학을 시켰으니 아이 마음에 얼마나 큰 상처로 남았을까요.

일곱 살 차이가 나는 둘째는 어릴 때 언니를 생의 경쟁자로 삼고 살았어요. 무엇이든 꼭 언니만큼만 하고 싶어 했답니다. 태어날 때부터 이미 존재하고 있는 거대한 자신의 경쟁자를 향해 승부 없는 싸움을 해야 하는 둘째 아이. 하루는 아이가 이렇게 부탁했어요.

"엄마, 다른 사람에게 저희를 소개하실 때 큰딸, 작은딸이라고 소개하지 마세요."

"그럼 어떻게 소개할까?"

"이 아이는 큰딸, 저 아이도 큰딸이라고, 우리 집에는 작은 딸은 없고 큰딸만 둘이라고 하면 되잖아요. 꼭 그렇게 말해 주세요."

그래서 우리 집은 외동딸만 둘입니다.

독립한 아이들은 함께 집에 오지 않을 때가 종종 있어요. 한 사람이 하루 먼저 와서 하루 먼저 가거나 같은 날이어도 한 사람은 낮에 도착하고 한 사람은 밤중이 되어서 도착하고 가는 날도 시차를 두고 갈 때가 있어요. 이유는 외동딸이 되어 아빠의 사랑을 독차지하고 싶기 때문이에요.

첫째는 동생이 태어나기 전 7년을 외동딸로, 둘째는 언니가 대학을 간 후 독립할 때까지 10년을 외동딸로 살았고, 유난히 아빠와의 관계가 좋은지라 아빠를 독차지하고 싶어서지요. 엄마는요? 이 말로 이해가 될 듯합니다.

남편은 친아부지, 나는 그냥 엄마. 완전 이해되죠?

첫째는 뭔 죄, 둘째는 웬 억울

Smile Kindness

CHAPTER 03

Yourself

유연한 믿음
+달걀 4개+

달걀 4개가 필요합니다

부드럽게 녹은 크림치즈에 설탕을 넣고 잘 저어 녹여주었다면

달걀 4개를 하나씩 넣으면서 섞어주세요.

달걀도 냉기가 없어야 해요. 크림치즈와 온도가 다르면

반죽과 잘 섞이지 않고 분리가 일어날 수 있거든요.

아이와의 시간도 비슷하죠?

부모와 아이의 온도 차가 크면 아이는 겉돌게 되니까요.

이때 중요한 건 어른이 아이의 온도에 맞추어야 한다는 거예요.

그렇다고 온도가 똑같아야 하는 건 아니에요.

1~2도 정도는 차이가 나도 괜찮으니

부모와 아이 사이에서도 어느 정도의 차이는 눈감아 주기로 해요.

달걀을 다른 그릇에 넣고 멍울 없이 곱게 풀어서

조금씩 넣어주어도 되고요.

공기 포집이 많이 생기지 않도록 거품기를 똑바로 세우고

볼 바닥에 거품기가 닿도록 해서 천천히 원을 그리며 저어주세요.

아이 마음에 상처가 생기지 않도록 방향을 잘 잡고
아이의 속도에 맞추어가는 것이 필요하듯이요.

이 과정을 잘해야 반죽이 유연해진답니다.
핸드 믹서가 있으면 사용해도 되지만 굳이 구입할 필요는 없어요.
조금의 편리함은 있겠지만 공간을 차지하니
보관할 장소를 생각해서 선택하면 되어요.

있으면 좋은 것과 꼭 있어야 하는 것에 대한
자신만의 기준이 필요해요.

우리 아이, 집에서는
절대로 그러지 않아요

"선생님, 우리 아들이 교권 침해했다고 학교에 오라는데
어떻게 해야 하는지 몰라서, 걱정이 돼서 전화했어요."
"누구신지요?"
"잘 알지도 못하는 사람이 전화해서 놀랐죠?
지난번 같이 오셨던 그분, 그 언니가
마침 우리 식당에 와서 연락처 물어 전화했어요.
그 언니한테 들으니 학생들 문제 잘 해결한다고 해서요."
"어떤 일이 있었을까요?"
"뭐… 애 말로는 수업 시간에 쫌 떠들고,
여선생인데 애한테 자꾸 뭐라 했던 모양이에요.
그래서 욕도 한 번 했다는 거 같고.
근데 애들 그 정도는 하는 거 아니에요?
그런 걸로 어쩌면 벌금까지 물어야 된대서 황당해서요.
진짜 그래요? 내가 학교 쌤이라고는
아는 사람이 이렇게 건너 선생님밖에 없어서요."

학교에서 많은 아이들을 만납니다. 그 아이들 중에는 도저히 이해가 안 되는 아이들도 무척 많습니다. 그런데 그 부모님을 만나거나 통화를 해보면 아이의 많은 부분이 이해가 되는 경우가 정말 많습니다. 물론 어떤 것에나 예외는 있고요.

　수업 시간에 휴대폰을 가지고 놀다가 압수를 당하면 일주일 후에 돌려주는 규칙이 있었던 때 일이에요. 학생 어머니에게 1, 2학기 상담 주간에 전화로라도 아이에 관해 의논하고 싶은 이야기가 있으니 시간을 내달라고 애원하다시피 해도 문자 한 통 없다가 아이가 폰을 빼앗긴 날 바로 전화해서 이럽니다.

　"애가 폰이 없으면 제가 불편해서 안 되니 돌려주시면 안 되나요? 요즘 세상이 얼마나 무서운데 휴대폰 없이 다니다가 우리 아이에게 무슨 일이 생기면 선생님이 책임질 거예요?"

　이런 분도 있었어요.

"우리 애 교육은 우리가 알아서 할 테니 선생님은 공부나 열심히 가르치고 폰은 돌려주세요. 우리가 그런 교육은 필요 없다고 하잖아요. 아이가 휴대폰 없이는 하루도 못산다고 하는데 교육은 무슨 얼어 죽을 교육이야. 그러니 당장 돌려주세요."

아마도 그렇게 전화하는 어머니나 아버지 옆에는 아이가 앉아서 다 듣고 있지 않았을까 합니다. 나와 통화하다가 아이와 대화하는 이야기가 들리곤 하거든요.

"너거 선생 원래 이래 빡빡하나?" 등등의 이야기들이요.

작은 예이기는 하지만 아이들이 부모님을 통해 어떤 가치들을 배우게 될까요? 이런 일을 경험하고 나면 나는 그 아이를 도저히 나무라거나 야단칠 수가 없어집니다. 아이가 학교에서 보여준 많은 행동들의 원인이 어른들로부터 비롯된 것이라는 걸 알게 되었으니까요.

아이는 보고 듣고 자연스럽게 배우게 되었을 것이고 그렇게 말하고 행동하는 것이 당연하다고 생각하고 판단하지 않을까요? 대부분의 아이들은 그것의 잘잘못을 판단하지 못한 채 젖어들듯이 배우게 되고 그로 인해 나타나는 표면적인 문제들만을 다룬다고 해결되지 않습니다. 그렇게 되기까지의 시간이 결코 짧지 않기에 교정하는 데도 참으로 많은 노력과 시간이 필요하니까요. 게다가 더 힘든 것은 부모님들이 이 문제에 대해 제대로 인식하지 못하고 그로 인해 교사의 협력의 손길을 받아들이지 않는 경우가 많다는 것입니다.

그러다가 결국 큰 문제가 터지고 나면 다 친구들 잘못 사귄 탓으로 돌리거나 '아이가 이렇게 될 때까지 학교와 선생들은 뭘 했느냐? 진즉에 아이 상태를 부모에게 제대로 알렸어야 하지 않느냐? 우리 아이가 어쩌다 이런 아이들과 어울리게 되었는지 모르지만 애초에 이런 아이가 반에 없었으면 우리 아이가 물들지도 않았을 거 아니냐? 왜 문제 있는 아이들을 잘라내지 않고 놔둬서 순진한 우리 아이를 이렇게 물들게 만들었느냐? 교육하라고 학교 보내놨더니 학교가 도리어 아이를 망쳐놨다.'라며 학교를 나무랄 때도 적지 않습니다.

교사인 나를 변명하기 위해서가 아니에요. 부모님들을 탓하고 원망하고자 함도 아닙니다. 단지 세상 모든 아이들에게서 지금 나타나고 있는 문제들의 원인이 그 아이들에게 있는 것이 아닐 때가 많다는 것을 말하고 싶습니다.

아이가 태어날 때부터 게임을 어떻게 알까요? 텔레비전을 어떻게 알고 스마트폰, 아이패드를 알겠습니까? 그 시작은 결국은 어른들에게 있는 것이지요. 하루종일 텔레비전을 틀어놓은 채 키우면서 "우리 아이는 텔레비전을 너무 보려고 해서 걱정이에요."라거나, 아이가 심심하다고 할 때마다 게임기나 스마트폰을 손에 쥐어주면서 "아이가 게임이라면 사족을 못 써요. 저러다가 게임중독 되는 거 아닌지 모르겠어요." 또는 "우리 아이는 만 세 살도 안 됐는데 스마트폰을 저보다 더 잘 만진답니다. 하루 종일 폰만 들고 놀려고 해요."라고 하는 부모님들이 적지 않습니다.

아이는 1차적으로 부모가 만들어준 공간적 문화적 환경에서 삶을 시작하고 가치를 배우게 되지요. 그리고 그것을 바탕으로 하여 타인과의 관계를 형성하는 법을 배우고 그 관계 속에서 살아가게 됩니다. 부모는 아이를 세상에 태어나게 해준 역할 그 이상으로 아이 삶의 바탕이 되어줄 가치의 환경인 것이지요.

초등학교 강연에서 가정 폭력에 시달리는 아이에 관한 이야기를 듣고 강연이 끝나고 난 뒤 내게로 다가온 남학생의 눈에는 눈물이 가득 고여 있었습니다. 그 아이는 나를 향해 자신이 들고 있던 연필과 공책을 땅에 내동댕이치면서 이렇게 중얼거렸습니다.

"우리 아버지도… 허휴유~~ 어휴우~ 우리 아버지도….."

차마 더이상 말을 잇지 못하는 열세 살 아이를 보면서 어찌나 마음이 아프던지요. 그 아이 내면에 자리하고 있는 엄청난 폭력성을 함께 느낄 수 있었고, 그것은 어른들로 인해 얻은 상처이지요. 화가 나면 물건을 집어 던지고 옆에 있는 사람에게 주먹질을 해대는 것을 보면서 자란 아이는 갈등이 생겼을 때 어떤 해결 방법을 선택할까요? 그 아이들에게는 어쩌면 선택의 자유조차 주어지지 못한 것인지도 모릅니다.

우린 아이들의 모든 것을 알 수는 없습니다. 그래도 가정이, 부모가 아이를 가장 잘 알아야 한다고 생각해요.

어른으로서, 37년 차 교사로서의 아픔과 고민

폰 그만하라고? 그럼 공부해야 하는데?

엄마 : 선생님, 아이가 하루 종일
　　　폰만 들여다보고 있는데…
　　　선생님이 그 폰 좀 어떻게 해주면 안 될까요?
　　　마음 같아서는 확 부숴버리고 싶은데
　　　그러면 아이랑 정말 사이가 틀어질 거 같고.
　　　요즘 같은 세상에 폰으로 상상도 못할 일들도 생기고.
　　　저러다 무슨 일이 생기는 건 아닌지. 중독이에요 중독.

아이 : 엄마도 하루 종일 폰 봐요.
　　　자기가 보는 건 다 괜찮은 거고,
　　　내가 보는 건 다 나쁘다고 하고.
　　　아빠는 집에서 하루종일 텔레비전 보는데 그건 괜찮고
　　　내가 보는 폰은 안 된다 하고. 근데 폰 안 하면 뭐해요?
　　　엄마 입에 달고 사는 말이 폰 좀 그만 보고 공부하라고.
　　　폰 안 하면 공부해야 되는데 폰을 그만하고 싶겠어요?

요즘 아이들은 태어날 때부터 스마트폰이라는 DNA를 가지고 태어난다는 말을 할 정도로 스마트폰이 신체 일부처럼 되어버린 아이들이 많은 현실이에요.

딸은 이렇게 이야기하네요.

"스마트폰은 거의 모든 집의 문제일 거예요. 우리 집에서도 폰이 문제가 될 때가 많았어요. 가족이랑 같이 있을 때, 밥 먹을 때, 공부한다고 책상에 앉아서 띠롱띠롱띠롱.

저는 솔직히 제가 중독이라고 생각하지 않습니다. 어른들과 중독의 기준이 달라요. 잘 관찰해보세요. 정말 폰만 만지고 있는지. 책을 펴고 공부하는 모습을 원하는 어른들 눈에는 아이가 폰을 잠시만 보고 있어도 하루종일 그것만 들고 있는 것처럼 느껴지는 건 아닐까요? 그리고 스마트폰으로 할 수 있는 것들이 정말 많아요. 스마트폰 때문에 대화가 없어졌다고 하는데 솔직히 가정에서는 대화가 없으니까 스마트폰을 쥐고 있다고 생각해요. 우리 엄마도 제가 보면 폰 중독

이십니다. 게임하고 메신저로 수다 떨고 웹툰 보는 것 이런 것만이 중독은 아닙니다. 엄마는 일 때문에 볼 수밖에 없다고 하시지만 결국 중독의 입장에서 보면 같은 거 아닐까요? 매일매일 재미있는 일이 벌어지는 것도 아니고 솔직히 아이들과 부모님의 대화라고 해봤자 어떻게 시작하든 결국은 공부 이야기로 가는데 반길 청소년이 어디 있을까요? 특히 공부 못하는 애들이라면 더 눈치 보이고 혼자 찔립니다.

폰보다 재미 있는 것이 있다면 아이들은 당연히 그것을 하겠지요. 그런데 요즘 학생들에게 폰 말고 재미있는 게 뭐가 있을까요? 학교, 학원, 집을 뺑뺑이 도는 게 전부인 경우가 대부분이잖아요? 폰 중독을 운운하기 전에 폰 말고 할 수 있는 게 없도록 만들어버린 것에 대해 생각해보고, 한편으로는 폰으로 할 수 있는 일들이 어른들 생각처럼 그렇게 쓰레기만은 아니라는 것을 인정하는 게 좋을 것 같습니다. 어른들의 폰 세상은 괜찮고 아이들의 폰 세상은 나쁘다는 이분법적인 논리에서 출발하지 않았으면 합니다.

인스타에 학생들이 많을까요? 엄마들이 많을까요?

우리 엄마를 찾아오는 사람들 중 많은 사람들은 인터넷을 통해 알게 된 사람들이라고 합니다. 엄청 친하고 우리 집에서 자고 갈 때도 있고 같이 여행도 가십니다. 아이들이 인터넷을 통해 만나는 사람들은 다 나쁜 걸까요? 물론 중독인 아이들도 있겠지만 대부분은 그렇지 않다고 생각합니다.

숏폼이 아이들에게 나쁜 영향을 미친다고 하면서 숏폼 만드는 법을 가르치는 것은 어른들이고, 어른들이 더 많이 만들지 않나요? 그러면서 좋지 않으니 보지 마라? 아이들이 예예 그렇게 하지요, 라고 할까요?

대부분의 선생님들도 공부하려면 스마트폰부터 없애라고 합니다. 폰을 여는 순간 시간이 순삭이긴 하지만 그래도 정말 24시간 내내 폰만 들여다보고 사는 것 아니고서는 너무 통제하고 강압적으로 하는 건 나쁜 것 같습니다."

폰을 하는 이유와 폰에 대한 시각에 관해 많은 생각을 하게 해주었어요. 부모님들이 바라는 것은 무엇일까요? 적당히 하면 좋겠다는 거겠지요?

폰을 아이 손에 쥐어준 게 어른들이니 적당히 할 수 있도록 돕는 것도 어른들의 몫이라고 생각해요. 폰을 들고 살아가는 AI 시대에 필요한 절제는 알고리즘을 이길 수 있는 힘이라고 생각해요. 자꾸만 다음에 보아야 할 것을 내 눈앞에 가져다 놓는 알고리즘을 이기고 멈추는 힘을 기르는 것. 초강력 울트라의 알고리즘을 이기는 방법은?

'폰 말고는 할 수 있는 게 없도록 만들어버린'이라는 부분에서 답을 찾기 위한 출발을 해야 하지 않을까요?

선생님, 제발 엄마한테 전화하지 말아주세요

언어폭력으로 친구들 마음을 상하게 한 학생 엄마에게
전화를 드렸더니 내 이야기를 몇 마디 듣다가
"잠시만요. 제가 바빠서 곧 다시 전화드리겠습니다."
하시길래, 갑자기 일이 생겼나 보다 하고 기다렸는데
한 시간쯤 후에 걸려 온 전화.
"제가 다시는 그런 일 없도록 단단히 혼을 냈습니다.
이제는 그런 일 없을 테니 걱정하지 마십시오."
내 이야기는 반도 듣지 않고 아이를,
아이 표현으로 반 죽여 놓은 엄마.
"왜 이런 전화가 오게 만들어?"로 시작해
차마 입에 담기 힘든 욕설과
도대체 어떻게 하고 다니는 거냐,
엄마 고생하는 안 보이냐, 생각이 있는 거냐 없는 거냐…
아이가 엄마와의 통화를 녹음해서 들려주더군요.
자기가 하는 말은 전부 엄마한테서 배운 거라고,
자기에게만 그러지 말고 엄마에게도 말 좀 해달라면서요.

학부모님들께 아이의 문제를 이야기하는 것은 매우 조심스럽습니다. 가정에서 이런 이런 부분에 관해 아이와 이야기를 나누어달라고 부탁하면 왜 이런 말을 듣게 하느냐며 속상하고 창피하다며 아이를 혼내는 부모님들이 적지 않기 때문이에요. 혼을 내는 것과 지도를 하는 것은 다른 것입니다.

　'혼나다'의 어원이 매우 놀라거나 힘들거나 무서워서 사람의 몸에서 영혼이 빠져나갈 지경에 이른 상태라고 하니 너무 무섭지 않나요? 이 말은 최대한 사용하지 않았으면 해요.

　아이에 대한 실망과 부모님의 속상함보다 중요한 것은 아이가 왜 그랬는지를 제대로 알고, 함께 방법을 찾는 것입니다. 아이의 이야기를 잘 들어주고 스스로 문제를 인식하고 변화할 수 있도록 도와주기를 바라는 마음입니다.

　하지만 아이들은 집에 알려서 자신을 힘들게 한 담임이 원망스럽다고 하지요. 아이를 도우려고 한 일이 도리어 아이에게 상처만 더 준 결과가 되는 경우가 적지 않답니다.

사생활 보호라는 이유로 아이가 먼저 말하지 않으면 부모님에 대해서도 가정환경에 대해서도 묻지를 못하니, 부모님에 대한 정보가 거의 없는 상황에서 조심스러워 아이들의 이야기를 점점 하지 못하게 되는 현실이 마음 아프답니다.

가정과 학교는 아이의 성장을 위해 긴밀한 유대가 필수인데 그렇지 못하니까요. 부모님들께 간곡한 부탁을 합니다.

문제가 있다는 것은 도움이 필요하다는 뜻이니 제발 혼내지 말고 아이의 이야기를 잘 들어주고 문제를 해결할 수 있도록 잘 도와주기를 부탁드립니다.

아이들에게는 비상구가 필요해요.

"엄마 오시라고 해."라는 선생님의 말에 "제가 잘못을 하긴 했지만 엄마는 언제나 내 편이 되어줄 거예요."라고 생각할 수 있는 그 '믿음'이 바로 아이들에게 비상구 아닐까요.

내 아이가 혹여 세상 사람 모두에게 손가락질 당하고 내쳐져도, 모두가 외면하여 세상에 혼자 남겨진 듯한 기분이 들더라도 우리 엄마만큼은 내 편이 되어줄 거라는 절대적인 믿음을 가져준다면, 그래서 언제나 급하면 엄마에게로 달려올 수 있다면, 그런 어른이 있다면 좋을 거예요.

"괜찮아. 실수할 수 있고 실패할 수도 있어. 괜찮아. 다시 일어서면 되는 거야. 괜찮아, 정말 괜찮아." 이런 말과 함께

품에 안고 등을 토닥토닥 두드려주는 따뜻한 위로를 바라지만, 아이들은 부모에게 손을 내밀지 못한다고 해요.

아이들은 수많은 실패와 시행착오를 겪으며 자랍니다. 아이들에게는 실패, 그 자체만으로도 너무 벅찬데 아이들은 부모가 자신들의 실패를 용서하지 않을 거라 생각합니다.

아이들이 가장 두려워하는 말은 바로 이것이라고 해요.

"한 번만 더 그러면 정말 끝인 줄 알아!"

몇 번의 반복된 문제를 일으킨 우리 반 아이가 눈물을 흘리며 말합니다.

"쌤, 다시는 정말 다시는 안 그래요. 진짜 약속해요."

"선생님은 지금 나에게 간절히 부탁하고 있어. 언제나 너를 안아줄 수 있는 나이기를 말이야. 네가 다시 그런 일을 또 한다면? 안 하기를 바라지만 어쩔 수 없는 상황이 생길 수도 있을 테니까. 너에게도 부탁해. 만약에 만약에 다시 이런 일이 생겨도 그래도 선생님에게는 와야 해, 알았지? 다시는 안 그런다고 약속한 거 못 지킨 게 미안해서 나에게도 못 오면 너 너무 외롭고 힘들 거니까. 선생님에게는 와줘, 부탁해."

왜 절대적인 믿음이 아니고 유연한 믿음일까요? 유연한 믿음이 바로 그 어떤 경우에도 흔들리지 않는 믿음, 절대적인 믿음이기 때문입니다.

12시간 공부시키면서
학생 인권은 개뿔

중학교 1학년 아이들이 10시까지 학원에 다닌다길래
부모님께 학교 공부만으로 안 되겠느냐고 말씀드렸더니
대부분의 대답이 이랬습니다.
"학원 끊었다가 성적 내려가면
선생님이 책임지실 거예요?"
중학교 1학년이 아침 7시에 집을 나와서
밤 11시는 되어야 다시 집으로 돌아가는,
집에 돌아가서도 숙제를 위해 책상 앞에 앉아야 하는 현실.
아니면 학교나 가정에서 그 시간까지
책상 앞에 앉아 있어야 하는 상황.
물론 아이 스스로 그렇게 할 수도 있겠지만
스스로 하지 않기 때문에
부모가 억지로라도 시키는 경우도 많을 거예요.
시켜서 하는 것과 스스로 하는 것은 분명 다릅니다.
가장 안 되는 것이
'억지로 하는 공부'라는 건 모두 공감할 거라 생각해요.

"선생님, 학생은 사람일까요? 아닐까요?"

과학 토론대회를 준비하면서 중3 학생이 물었습니다. 왜 그런 질문을 하느냐고 물으니 아이 대답이 이랬습니다.

"학생이 사람이면 그냥 사람에게 주어진 권리, 인권으로 되는 거잖아요. 그런데 굳이 학생 인권이라는 말을 만들고, 법으로까지 정한 것은 이상하지 않아요? 그동안은 사람이 아니었는데 이제 사람 취급을 해주겠다는, 뭐 이런 느낌?"

인권의 사전적 의미는 '사람이 사람답게 살기 위해 필요한 것으로서 당연히 인정된 기본적 권리'입니다. '학생 인권'이라는 말이 얼마나 이상한지 느껴지나요?

독서치료를 통해 만난 고등학교 2학년 아이가 이렇게 이야기합니다.

"학생 인권, 12시간씩 공부시키면서 인권은 무슨. 개뿔!"

처음에는 학교에 관해 이야기하는 줄 알았습니다. 그래서 학생 인권 조례 중 교육에 관한 권리, 학습에 관한 권리와 휴식권 등에 관해 이야기를 해주었습니다.

　그런데 그 아이의 대답에 잠시 당황스러웠습니다.

　"그러면 뭐해요. 집에서 가만두지 않는데… 학교에서 방과 후 안 하고 자율학습 안 하면 엄마가 가만두겠어요. 학원이나 과외시킬 거 뻔하잖아요. 지금 야자 다하고도 바로 집에 가는 아이가 몇 명이나 될 것 같아요? 그런데 정규 수업만 하고 집에 가면요? 집에서도 지금 말하는 그런 것들이 지켜지도록 하는 법이 필요하다니까요.

　학교에서 학생이지만 집에서 우리는 무엇일 것 같아요? 엄마는 내가 잠시도 쉬는 꼴을 못 봐요. 아이들끼리 그러죠. 학교 가서 쉬자고."

　난 우리 아이들을 자신들이 원하는 경우를 제외하고는 그냥 학교에만 보냈어요. 왜 아이를 그렇게 두느냐는 사람들에게 이런 이야기를 들려주었어요.

　"나는 하루에 8시간씩 직장에서 일을 합니다. 대부분 익숙한 일이고 월급이라는 보상도 주어지지만 힘듭니다. 퇴근하고는 최대한 편안하게 쉬고 싶어요. 퇴근한 나에게 시어머니나 남편이 얼른 밥 먹고 다시 출근해서 2~3시간 더 일하고 오라고, 시간 외 수당 받아서 저축을 늘리라고 한다면? 아이들은 학교에서 나보다 더 힘든 시간을 보냅니다. 매시간 새로운 것을 배운다는 건 정말 힘들 거든요. 게다가 보상도 없어요. 나중에 좋은 대학 가고 좋은 직장 구해 잘 살 거라는 막연한 말뿐이지요. 그런 아이들에게 저녁 먹고 다시 공부하러 가라는 말을 도저히 할 수가 없어요."

아이들이 이런 말을 한 적도 있어요.

"엄마 믿고 학교만 다녀도 되는 거 맞아요?"

"왜 엄마를 믿어? 너를 믿어야지?"

지금 자신이 행복하지 않은데, 몇 년 뒤의 행복을 위해 지금 참아야 한다는 걸 아이는 어떻게 받아들일까요?

십대 아이는 지금도 행복해야 해요. 지금 행복해야, 그리고 행복이 무엇인지 알아야 앞으로의 인생도 행복하고 싶다는 열망을 가지게 될 것이고 열정적으로 살아가지 않을까요?

수능 치는 딸에게 쓰는 편지

수능 친 딸에게 쓰는 편지

컨닝한 아이, 성적표를 조작한 아이

"선생님, 진짜 너무 감사드려요."

"무슨 말씀이신지…"

"우리 아이가 이번에 한 과목 빼고 전부 100점을 받아서

애 아빠도 얼마나 기뻐하는지 몰라요.

애 말로는 담임 선생님이 신경을 많이 써준다고요.

정말 감사해요.

학원에 안 가려는 아이를 억지로 보내면서

늘 마음 한구석이 짠했는데

그래도 결과가 좋으니 자기도 좋다고.

다음에는 올백에 도전해보겠다니 얼마나 기특한지요."

이게 무슨 말이지? 내가 아이 이름을 잘못 들은 걸까?

이 아이는 이번 중간고사에서 다섯 과목 모두

우리 반에서 성적이 가장 낮았는데,

그래서 조만간 어머니와 상담을 하려고 하던 참인데

네 과목이 100점이라고?

부모의 너무 큰 기대에 성적표를 조작한 아이.

친구로부터 전화가 왔어요. 친구는 선뜻 말을 못하고 수화기를 들고 한참을 그렇게 있더군요. 그래서 나도 기다렸습니다. 친구가 힘들게 이야기를 시작하는데… 많이 울었던 모양입니다.

"세상에… 어제 중간고사 첫 날이었는데… 컨닝을… 컨닝을 하다가 들켰….'

친구의 이야기는 이랬습니다.

중학교 들어가 1학기 동안 성적이 기대에 미치지 못했지만 아이가 더 힘들어하는 것 같아 지켜보고 있었는데 2학기 중간고사를 앞두고 아이가 그러더래요. 이번에 성적을 올리면, 1등은 못해도 3등 정도는 할 것 같다고. 3등을 하면 자신이 원하는 것을 들어줄 수 있느냐고.

원하는 게 무엇이냐 물었더니 주말에 1박 2일 동안 게임을 마음껏 할 수도 있도록 해줄 것. 집에 컴퓨터는 느려서 안 되니 피시방에 가서 하게 해달라고. 그리고 휴대폰을 최신형으로 바꿔줄 것. 피시방에서 1박 2일을? 하는 생각이 들었지만

3등을 한다면 그 정도는 괜찮다 싶어 약속을 했다네요.

결혼해 6년을 기다려 낳아 애지중지 온 정성을 쏟아 키우고 있는 아이가 공부를 잘해보겠다고 하니 기특하기도 하면서 친구는 내심 반가웠다고 합니다. 솔직히 아이가 그런 조건을 제시하지 않았다면 자신이 먼저 그랬을 거라고.

'이번 시험에 5등 안에 들면 소원 한 가지 들어줄게.'

5등 안에 들면 이라는 조건을 생각하고 있었는데 아이가 3등을 목표로 한다고, 그것도 스스로 그런 목표를 말하니 너무 기쁘더라고. 스스로 정한 목표여서인지 더 열심히 공부하는 것 같아 내심 기대를 잔뜩 하고 있었는데 아이가 컨닝을 하다가 들켰다는 전화가 와서 학교에 다녀왔다고.

긴 이야기를 나누다가 친구가 그러더군요.

"너 이 이야기 블로그에 올려줘. 나 같은 엄마 더이상 없도록. 니 블로그에 엄마들 많이 오잖아. 아이가 나보다 더 아팠을 생각을 하니 너무 마음이 아파. 나 잘하고 싶었는데. 나 진짜 좋은 엄마가 되고 싶었는데…."

아이들에게 이번에 몇 등 하면, 이번에 몇 등 올리면 무엇을 해주겠다는 약속.

아이들 사이에 이런 이야기가 있습니다. 무엇인가 가지고 싶은 것이 있으면 시험 성적을 뚜욱~~~ 떨어뜨리면 된다고. 그러면 엄마는 안달이 날 테고 그럴 때 자신이 가지고 싶은 것을 조건을 걸면서 이번 시험에 몇 등 올리면 사줄 거냐 제시하면 된다고. 그래서 가지고 싶은 것을 얻고 또 새로운 것이 갖고 싶으면 다시 성적을 떨어뜨렸다가 조건을 걸고 조금 올리고 엄마로부터 긁어내면 된다고.

아이들이 영악스럽다는 생각이 드시나요? 아이들을 이렇게 만드는 것은 결국 어른들입니다.

딸아이는 중학교 첫 시험에 대해 이렇게 이야기합니다.

"중학교의 첫 시험은 떨리기 그지없습니다. 아직 친하지도 않은 아이들 사이에서 초등학교와 배우는 방식이 많이 다르기도 하고, 특히 과목 선생님들마다 다르게 들어오는 것이 가장 큰 변화였던 것 같습니다. 저는 좀 불안했어요. 다 공부하는 것 같고 초등학생, 초딩이 아닌 어엿한 중학생이니 이제 공부를 좀 해봐야 할 것 같은 느낌에 문제집을 사기도 했습니다. 문제집 사는데도 그냥 어영부영 내용은 봐도 노하우가 없으니 뭐가 좋은지도 모르겠고 그냥 애들이 제일 많이 가지고 있는 것과 제 마음에 드는 것들을 샀었습니다. 다 풀어보지는 못했지만요."

미스터트롯을 보면서 우리 교육을 생각하다

논술, 구술 준비도 빨리 시켜야 되는 거죠?

"고무줄 바지를 입으면 바지가 흘러내리지 않는 원리를
작용하는 힘과 그 힘의 크기와 방향을 포함하여
서술하시오."라는 문제에 어떻게 답을 하면 될까요?
아이들은 글쓰는 것이 어렵고 쓸 게 없다고 말합니다.
쓸 게 없다는 것은 그것에 관해 생각해보지 않아서니까
생각을 해보라고 하지요.
"고무줄은 힘을 주면 늘어났다 되돌아간다.
늘어나는 것은 변형,
변형되었다 힘을 없애면 원래대로 돌아가는데
이런 성질은 탄성, 탄성이 있는 물체는 탄성체, …
이렇게 생각을 하면 쓸거리가 아주 많아지지요.
단순한 암기가 아닌 꼬리에 꼬리를 무는
생각 연습을 합니다.
생각을 글로 쓰면 서술, 논술이 되고,
말로 하면 구술이 되니 너무 어렵게 생각하지 말고
생각하는 연습, 글쓰기 연습을 하기로 해요."

책을 읽히라고 하면 어디에 보내면 되느냐, 논술 학원 추천 좀 해달라는 말이 가장 많이 돌아옵니다. 시험 방식이 다양해지면서 서술형 문제의 비중이 커지고 논술, 구술 평가가 이루어지면서 학부모님들의 불안감이 커지고 있습니다. 모든 것은 스스로 생각하기와 생각한 것을 표현하는 것으로 충분하고, 여기에 책 읽기가 꼭 병행되어야 하는 이유는 다양하고 풍부한 어휘력이 따라주어야 하기 때문이에요.

"선생님, 과학 시험 공부를 하고 있는데 가장 효과적인 방법이랑 가장 확실한 방법이랑 뭐가 달라요? 이런 게 너무 어려워요."

"늘어났다 돌아가는 거라고 그냥 쓰면 안 돼요? 변형, 탄성, 이런 어려운 말을 써야 해요?"

생각하고 글을 쓰는 좋은 방법 중 하나가 일기 쓰기입니다. 아이들이 일기 쓰기를 힘들어 하는 이유 중 하나는 '아이들의 하루'라는 것이 사실 매일 일기를 쓸 만큼의 소재가 없다는 거지요. 글감을 찾아내는 것이 필요해요.

인터넷이 발달하면서 종이 신문을 거의 읽지 않는데 종이 신문의 효과는 대단하답니다. 담임을 하면 우리반 특색 활동으로 '신문 스크랩 하기'를 해요. 종이 신문을 읽게 하는 이유는 헤드라인만 보고 관심 가는 기사만 골라서 읽는 게 아니라 다양한 기사를 모두 본 후에 선택할 수 있다는 거예요.

아이들을 키울 때 가장 많이 활용하고 효과를 많이 본 것이 종이 신문과 종이 사전이었어요. 인터넷에도 사전 기능이 있고 전자 사전도 있지만 종이 사전을 찾게 했거든요. 자신이 궁금한 단어를 찾아가는 과정에서 수많은 단어들을 접하게 되는 기회는 어휘력을 늘리는데 큰 도움을 준답니다.

종이 신문을 이용하면 읽기와 글쓰기의 두 마리 토끼를 잡을 수 있습니다. 아이가 좋아하는 연예인과 관련된 기사를 이용해봅니다. 아이들은 시사적인 것에 별로 흥미를 보이지 않지만 연예인은 무척 좋아하잖아요. 기사를 읽은 뒤 자신의 느낌을 적어보라고 합니다.

알고 있는 것을 글로 표현하는 것이 쉽지는 않지만 아이에게 좋은 경험이 되지요. 아이가 만화 보는 것을 좋아하고 직접 그리는 것도 좋아하니 신문 만화의 맨 마지막 컷을 잘라버린 뒤 마지막 장면을 상상해서 그려보게 합니다. 그리고 자신의 하루를 만화로 그려보게도 하고요.

학교 교과 내용과도 연계시켜 봅니다. 사회 교과서에서 일기도를 배우면 신문의 일기도를 오려 붙여주고 기상 캐스터가 되었다고 상상하면서 글을 적어보라고 합니다.

또 브레인스토밍, 마인드맵 등을 활용해 글감을 찾도록 유도해보기도 합니다. 그리고 막연히 오늘 있었던 일을 써보라고 하지 말고 오늘 하루를 생각해봤을 때 떠오르는 단어들을 적어보라고 합니다. 그런 단어들 중 하나를 골라 그 단어에서 생각나는 단어를 적어보라고 하지요. 그렇게 몇 개의 단어가 추려지면 그 단어들로 문장을 만들어보도록 합니다. 그러면 일기 쓰는 것을 그다지 부담스러워하지 않는답니다.

가끔 일기를 쓰기 위한 특별한 나들이도 합니다. 그때는 일기를 위한 나들이라고 미리 말하고 출발합니다. 대신 그 외출에 대해 멋지게 적도록 약속하고 말이죠. 그 외에도 자신이 좋아하는 노래 가사를 적어보게도 하고, 엄마에게 보내는 편지를 쓰게도 하고, 미운 동생 혼낼 수 있는 방법 열 가지를 찾으라고도 합니다. 일기라고 해서 늘 자신의 일만 쓴다면 단조로운 일상에서 적을 게 많지 않잖아요.

아이에게 "일기 쓰고 자야지." 하면서 그저 혼자에게만 맡겨두지 말고 조금만 신경을 써 주세요. 아이는 곧 혼자서도 잘하는 모습을 보여줄 거예요.

아이들 '스스로 생각하는 능력'을 키워주는 일이 가장 절실하다는 생각이에요. 아이에게 정말 필요한 것은 '철학'이니까요. 우리 교육에서 철학이 사라지고 있는 게 무척 안타까워 담임을 하면 아이들에게 공책을 한 권씩 나눠주고 아침마다 다양한 글의 주제를 제시해 글쓰기를 했었습니다.

"오늘의 글쓰기 주제는 '하늘을 보니'입니다. 그런데 교실에서 창밖으로 하늘을 내다보지 말고 운동장에 나가서 10분 이상 하늘을 보고 난 뒤에 글을 써야 합니다. 하늘을 보면서 생각하는 모든 것들을 쓰면 됩니다."

며칠 후 글쓰기 시간에 아이들에게 이렇게 말합니다.

"오늘의 글쓰기 주제는 '다시 하늘을 보니'입니다. 며칠 전에는 눈이 부실 정도로 맑은 하늘이었는데 오늘은 잔뜩 흐립니다. 역시나 운동장에 나가 흐린 하늘을 올려다보고 글을 쓰기 바랍니다. 그런 다음 며칠 전에 썼던 글을 다시 읽어보기 바랍니다. 쓸 것이 없다고 투덜거리는 사람들, 다시 말하지만 글을 쓸 것이 없는 게 아니라 생각을 하지 않거나 못하는 것이라고 했었죠? 글쓰기를 하는 가장 큰 목표는 생각하기 연습이라는 거 잊지 마세요. 많이 많이 생각하고 오세요. 얼른 나가서 하늘을 보고 그리고 많은 생각을 하고 오세요."

아이들은 옆 반 친구가 놀러 왔지만 밖에 나가 하늘을 보고 생각을 해야 한다며 친구를 뒤로한 채 종종걸음으로 운동장으로 나가지요.

'나는 이럴 때 기분이 좋아요.'

'나는 이런 친구가 되고 싶어요.'

'나는 가족에게 이런 사람이에요.'

'두 번의 시험을 치고 나니….'

끊임없이 자신과 만나고 대화를 하도록 글쓰기 공책을 선물하고 글쓰기 주제를 주는 이유였어요.

아이들은 글을 써보면 책을 많이 읽어야겠다는 생각이 든다고 해요. 읽은 것이 없으니 어떻게 써야 하는지 몰라 답답하다고. 철학을 위해서도 책 읽기는 정말 필요하고 중요하다고 생각하지만, 사실 아이들은 책 읽기는 힘들다고, 책 읽는 것을 좋아하지 않는다고 말합니다.

아이들이 책을 읽기 싫어하는 것은 재미없기 때문일 거예요. 책이 아니더라도 아이들에게 재미있는 것이 너무 많잖아요. 텔레비전, 인터넷, 컴퓨터 게임, 만화, 영화, 대중가수들의 노래와 춤, 스포츠…. 이렇듯 흥미로운 것이 많은데 왜 하필이면 재미없는 책을 읽으라고 하는가? 책을 읽으면 유익하다고 말하면 아이들은 이럴지도 모릅니다.

"책보다 참고서나 문제집이 훨씬 공부에 도움이 돼요!"

아이들에게 책 읽기의 즐거움을 알게 해주기 위해서는 자신도 읽지 않는 책을 "인생을 살아가는데, 또 좋은 성적을 받기 위해 필요하다"는 이유로 강요해서는 안 되겠지요. 우선 부모들이 아이들의 관심 분야에 대해 미리 폭넓은 지식을 쌓은 뒤 그 분야로 자연스럽게 이끌어주었으면 해요.

책이 필요하지만 아이는 책만으로 세상을 살아갈 수는 없지요. 신문, 대중가요, 드라마, 영화, 만화, 잡지 등 다양한 매체를 접할 수 있는 기회도 필요하니까요.

무조건 스마트폰을 보지 말라고 할 것이 아니라 좋은 점과 나쁜 점을 스스로 정리해보도록 하는 것에서부터 출발해보면 어떨까요? 큰아이는 텔레비전이 주는 장단점에 대해 직접 글로 써보고 말해보는 과정을 거치면서 주말에만 텔레비전을 보도록 하는 내 생각에 동의하게 되었다고 했답니다.

중1 소녀가 쓴 글입니다.

어른들은 우리한테 욕하지 말라고 하는데 에이씨, 개빡쳐, 씨, 등을 거친 말이라 생각하면 우리랑 소통하기 힘들 걸요? 이 정도는 애들 사이에서는 일상 용어고 더 심한 말도 많이 해요. 어른들 앞이니까 말조심해서 그 정도 하는 건데 그걸로 잔소리를 하면 더이상 대화를 하지 말자는 거지요. 우리는 이렇게 말하고 싶어요.

"이 정도도 이해 못 해줘? 이게 거친 말이야? 정말 요즘 애들의 소통을 너무 몰라."

영화나 드라마에서 정말 심한 욕이 엄청 많이 나와도 재밌다고 보면서 우리가 하는 욕은 왜 절대 안 된다고 하는지 이해가 안 돼요. 물론 욕을 아예 안 하는 애들도 많아요. 학생들이 다 욕을 쓰는 건 아니니까요. 그래도 그렇게 심한 게 아니면 괜찮다고 생각합니다. 우리도 이런 게 나쁘다는 건 알고 있어요. 어른이 되어서도 이렇게 하면 안 된다는 것도 알고 있으니 너무 걱정하지 마세요.

아이들이 생각을 하고 글을 쓰고 그것을 자신의 것으로 내재화하여 다시 말로 표현하는 과정을 경험하기 위해서 전문가의 도움도 좋지만 일상 생활에서의 대화를 통해 기를 수 있었으면 해요. 그 출발점과 지름길은 바로 질문입니다.

"그렇게 하면 될까? 안 될까?"처럼 닫힌 질문이 아닌 폭넓은 생각을 할 수 있는 열린 질문이 필요하지요.

"그래서 돈 주고 학원에 보내는 거잖아. 내가 그걸 해줄 수가 없으니까."라는 말 대신 아이와 함께 일상 속에서 배우고 성장하는 시간이었으면 해요.

과학 교사인 내가 수업시간에 아이들에게 시를 읽어주고 글을 쓰게 하는 이유이기도 합니다.

책 읽는 과학시간을 위해 쓴 편지

일단은 인문계에 가고 대학은 가야지

아이들이 중학교 3학년에 올라가면
어느 고등학교에 갈 것인가 물었습니다.
"고등학교의 종류는 다양해. 인문계, 예고, 특성화고.
특성화도 얼마나 다양한지 몰라. 상고, 공고, 보건고 등등."
내 말이 다 끝나기도 전에 아이는 이렇게 말하지요.
"우리 반에서 끝에서 몇 등 하는 아이네 엄마도
일단 인문계 가야 한다고 한다는데
저는 공부를 못하는 것도 아닌데 왜 그런 질문을 하세요?"
중학교 아이들에게 공부 목표를 물으면
대부분 인문계 고등학교에 가는 것이라고 이야기합니다.

학교 교육의 목표는 무엇일까요?

한 인간의 삶에서 진로의 선택은 매우 중요해요. 진로는 사람이 살아가는 인생행로를 의미하고, 한 사람이 태어나 노년에 이르기까지 교육, 직업, 결혼, 가정, 여가, 봉사 활동 등 삶의 과정에서 만나는 모든 일들이지요. 어떤 가치관을 가지고 살아가느냐 하는 것은 인생에서 매우 중요한 일이고 그것을 기초로 하여 자신이 선택한 직업으로 인해 경제적인 보상과 정신적인 만족감을 얻으며 살아갈 수 있어야 하죠. 그러므로 학교 교육에서 가장 중요한 것이 바로 진로와 직업 교육이라 할 수 있는데 현실은 그렇지 못합니다. 진로교육이 아닌 진학교육, 중학교 아이들에게는 인문계 고등학교가 목표이고, 고등학교는 좋은 대학이 목표가 되어버린 것이 사실입니다.

요즘 학부모님들은 공부는 사교육을 통해서 알아서 시킬 테니 학교는 인성교육의 장으로서의 역할이나 잘해주면 된다고 생각한다는 기사를 본 적이 있습니다.

"학교 교육의 목표는 무엇일까요?

우리나라 교육은 적성교육이다. ○일까요? ×일까요?"

그대는 어떤 대답을 할지 궁금해요. 많은 부모들이 아이들에게 이야기합니다.

"일단 공부해라. 공부해서 성적 나오는 거 보고…."

'적'당한 '성'적에 맞추어 대학과 학과를 정하는 우리교육은 말 그대로 '적성교육'인 것이지요.

멘토링 봉사활동을 하는 대학생들 워크숍에 강연을 갔을 때 이런 질문을 받았어요.

"제 멘티는 중학교 2학년인데, 멘티에게 꿈을 주고 싶은데 그 아이는 꿈을 꾸려고 하지를 않아요. 도대체 뭐가 되고 싶고 무엇을 하고 싶다는 생각을 왜 해야 하느냐고 묻는데 말문이 탁 막히는 겁니다. 어떻게 말해줘야 할까요?"

솔직히 학교에서도 가장 많이 마주치는 문제입니다. 아이들이 꿈을 꾸지 않는 이유는 무엇일까요?

중학교 2학년 아이들과 함께 1년 동안 '과학 책 만들기' 방과 후 수업을 했었던 이유가 바로 아이들에게 많은 직업을 경험하게 해주고 싶었기 때문이었어요.

과학자나 작가, 출판사 편집자, 인쇄소 관련 직업뿐만 아니라 원고를 쓰면서 오타가 유난히 눈에 들어오는 아이에게는 교정과 편집에 관한 직업을, 긴 글을 쓰는 것보다는 친구들이 쓴 원고를 보고 멋진 제목을 생각해내는 아이에게는 카피라이터와 광고에 관한 직업 등등.

　어떤 아이는 책을 쓰는 것은 어렵지만 책을 잘 파는 기술에 관심을 갖게 되었다면서 과학책 대신 마케팅과 심리학책들만 읽더니 결국 그쪽으로 진로를 정하더군요. 친구들이 성적이 바닥인데 그런 대학에 갈 수 있겠냐고 핀잔을 주니 예전 같으면 주눅이 들어 고개를 숙였을 아이가 당당하게,

　"대학 안 나오고도 책 팔 수 있는 방법이 있지 않을까?"

라고 말하는데 그 모습이 무척 감동적이었어요.

　책을 읽으면서, 책을 직접 만들어보면서 아이들을 꿈에 한발 더 다가가게 해주었어요.

　아이들은 제대로 꿈꾸고 있을까요?

　변호사가 꿈이라는 아이에게 살인을 저지른 사람에게도 변호사가 배정되는 이유를 물으면 표정이 복잡해집니다. 아이들에게 꿈이 무엇인가를 물으면 직업을 이야기합니다. 그리고 그 직업은 자신이 아닌 다른 사람이 선택해준 것일 때가 많습니다.

아이들에게 빨리 꿈을 찾으라, 결정하라 다그치지 않기를 부탁해요. 아이들의 작은 경험치 안에서 한정된 꿈이 되어버릴 수도 있으니까요.

"과학 수업의 목표 중 하나는 나와 과학이 잘 맞는지를 탐색하는 것입니다. 과학이 나와 맞지 않고 과학을 싫어한다는 것을 알게 되는 것도 매우 중요하기 때문입니다."

고등학교에서 생명과학을 가르치던 시절 의사를 꿈꾸던 두 아이가 있었어요.

나의 설명이 좀 어려운 것 같으니 다시 설명하겠다는 말에 "저 새끼들은 다시 들어도 어차피 몰라요. 그냥 진도 나가요."라는 아이에게 물었습니다.

"어떤 의사가 되고 싶어요?"

"내과 의사가 꿈이지만 그건 돈이 안 되니 성형이나 피부과 가야죠."

그 아이와 '상대의 언어를 이해하는 것'에 관해 몇 번 이야기를 나누었고, 어느 날 유레카를 외치더군요. 상대의 언어를 이해하라는 것이 무슨 뜻인지 알게 되었고 상대의 마음도 보이기 시작해서 신기하다면서 어떤 의사가 되어야 할지 고민하게 되었다며 웃는 모습이 멋졌습니다.

또 다른 아이의 꿈도 의사였어요. 그 아이는 축구를 너무 좋아하고 축구 선수가 꿈이지만 신체적 조건이나 실력이 축구 선수가 되기는 힘들다는 자기 인식을 통해 스스로 찾은 꿈이 의사였어요.

"저는 축구가 정말 좋아요. 그래서 의사가 되려고요. 국가대표 팀의 주치의가 되는 게 제 꿈이에요. 직접 선수가 되어 뛰지는 못하지만 선수들과 같이 뛴다는 마음으로 그들의 건강을 책임지는 의사가 되려고요."

아이들에게는 자신의 꿈을 스스로 찾을 수 있는 기회가 절실하답니다. 아이들에게 믿음을 가지고 기다려주어야 하는 이유이기도 해요.

반값 등록금에 반대했던 이유

답지 보고 베끼면 금방 하잖아?

"선생님, 이번 과학 시험 어려워요? 어떻게 공부하면 돼요?
시험공부할 때는 다 알 것 같거든요.
근데 시험지를 보면 하나도 모르겠어요.
공부도 열심히 했는데 생각이 안 나요."
"공부를 어떻게 하는데?"
"그냥 참고서랑 문제집 보고 공부해요."
"문제 풀다가 모르는 것이 나오면 어떻게 하고?"
"답지 보고."
"답지 보면 아~~ 이거구나 싶구나?
나도 이걸 거라고 생각했어, 뭐 이런 생각도 들고.
근데 시험 문제로 만나면 전혀 모르겠고 낯설고.
마치 처음 보는 것 같고?"
"맞아요 맞아. 어떻게 알았어요?"

첫째 아이 고1 가을. 가족 여행을 가고 싶다는 아이의 말에 계획했던 주말여행. 남편은 시골에 먼저 내려가서 어머니의 메밀밭 추수를 돕고, 그 당시는 토요일이 격주로 등교를 하던 시절이라 나와 아이들은 오전에 학교에 갔다가 버스를 타고 동네 어귀에 있는 버스 정류장에서 만나기로 했어요.

　버스 정류장에서 남편을 기다리는 동안 아이는 버스 정류장 의자를 책상 삼아 수학 문제를 풀었고, 가족 여행 동안 계속 틈틈이 공책 정리를 해야 했어요. 차가 잠시 서 있는 동안에도 식당에서 음식을 기다리면서도.

　이유는 안타깝게도 월요일 수행평가로 검사 맡아야 할 수학 공책을 잃어버렸기 때문입니다. 사물함에 넣어 두었는데 사물함을 털렸(?)다고 하더군요. 2학기 동안 수학 시간에 필기한 공책을 잃어버렸다고. 자그마치 34쪽, 그것도 반으로 접어서이니 그 양이 엄청나겠죠.

　공책 잃어버렸으니 여행을 취소하고 시간 없으니 주말에

집에서 공책 정리를 하겠다고 할 만도 하지만 아이는 아버지 기다리시니 어서 가자면서 챙기는 여행 짐 속에 수학책과 공책을 넣더니 시간이 날 때마다 열심히 수학 문제를 푸는 것이었어요. 너무 화가 나서 만약 자기 공책을 가져간 아이를 찾기만 하면 그 아이 공책 전부를 확 태워버리고 싶다고까지 말은 하면서도 아이는 가족 여행을 즐기는 여유를 보여주었답니다. 결국 집으로 돌아오기 전에 공책 정리를 무사히 마쳤고 제시간에 제출을 했어요.

이 일을 겪는 동안 두 아이의 대화가 인상적이었어요. 너무 속상해 눈물이 나더라며 눈이 퉁퉁 부은 채 집에 돌아와 사물함이 털렸다고, 수학 문제를 100문제는 더 풀어야 한다는 이야기를 하면서도 여행 짐에 책과 공책을 넣는 언니를 보며 동생이 말합니다.

"그러지 말고 여행 갔다 와서 답지 보고 해라. 답지 보고 베끼면 금방 하잖아? 나도 한 번씩 숙제 답지 보고 베껴갈 때 있는데 그거 금방 한다."

언니의 대답은 이랬습니다.

"아니. 그냥 내가 다시 풀 거야. 어차피 공부해야 하는데 숙제 따로 공부 따로 할 필요는 없잖아. 나도 예전에, 너처럼

초딩 때는 몇 번 그래 봤는데 시간만 손해라는 걸 알게 됐거든. 누군지 모르지만 생각하면 욕 나오지만 대신 나는 다른 애들보다 두 배로 공부하게 되는 거니까. 할 수 없이 하는 거지만 두 배 공부하니 내가 이득이다 생각하고 할려고."

한 문제를 풀더라도 답지를 보지 말고 풀어보라고 합니다. 애매하거나 모를 때 교과서나 참고서의 내용을 다시 살펴보고 부족한 부분을 채우기 보다는 답지를 펼치는 아이들이 적지 않지요. 답지를 보고 아래 해석을 보면 마치 아는 것처럼 느껴지지만 아는 것이라는 착각일 때가 많아요.

"아인슈타인이 아는 것이 무엇인가에 대해 이렇게 말했다고 해요. 누군가에게 설명할 수 있어야 아는 거라고. 아… 이건 아는데, 뭔 말인지는 아는데 설명을 못하겠다는 상황, 많이 있죠? 그건 뭐다? 설명을 못하는 건 모르는 거다."

아이들은 과학 쌤에게 설명하기 힘든 시간이 많았지만 제대로 알게 된 시간, 가장 많이 성장한 시간이었다고 합니다.

스스로 찾아가면서 문제를 풀고 그것을 다른 사람에게 설명해보는 것은 매우 효과적인 공부 비법 중 하나랍니다.

가정통신문, 니가 알아서 사인해

가정통신문에 사인을 받아야 하는데
새벽 1시가 넘어도 아버지가 집에 안 오는데
어쩌면 좋으냐는 아이의 전화가 왔어요.
학기 초에 아이들과 학부모님들께
선생님에게도 사생활이 있으니 존중해달라,
밤 10시 이후에는 문자를 보내도 보지 못하니,
긴급 상황이면 전화를 하라고 부탁을 하는데
아이는 가정통신문 사인 때문에 새벽 1시에 전화를 했어요.
긴급 상황이니까요.
가정통신문은 꼭 부모님께 보여드리고
직접 사인을 받아야 한다고 강조를 하는 담임인데
내일까지 꼭 가져오기를 부탁했으니
아이 입장에서는 매우 긴급 상황인 거죠.

자신의 상황을 이야기하고 방법을 찾으려는
아이의 태도가 멋지죠?

담임교사 직무 연수를 가면 부탁하는 것 중 하나입니다.
　"간혹 시한이 급박한 것들이 있어요. 가정에 갔다가 돌아
와야 하는데 제때 가져오지 않는 아이들 때문에 힘든 경우가
생기기도 하지요. 그래도 아이들에게 부모 대신 사인을 하라
는 일은 없었으면 합니다. 결석계도 마찬가지고요. 별거 아
닌 것 같지만 급하니까 '그냥 너희들이 부모님 대신 사인해.'
라는 말은 나중에 이 아이들이 커서 직장생활을 할 때 '바쁘
니까 부장님 대신 내가 사인하고 처리하면 돼.' 라고 가르치
는 꼴이 될 수 있기 때문입니다."

　안전 불감증이라는 말을 합니다. 부실공사로 인해 건물이
무너지는 이유도 '적당히 해도 되겠지, 설마 무슨 일이 생기
겠어' 라는 생각에서 시작된다고 생각해요.
　원칙을 지키는 것은 매우 중요하고 그것은 일상 생활 속에
서 경험을 통해 배우는 것이라 생각하기에 가끔은 매우 융통
성 없는 사람이라는 이야기를 듣기도 한답니다.

중학교 1학년 아이들은 입학 후 엄청난 양의 가정통신문을 집으로 가져가게 됩니다. 그중에 단순히 안내만 하는 것도 있지만 부모님의 사인을 받아야 하는 것들도 많습니다. 정보 공개 동의서와 같은 것은 모든 아이들이 다시 학교로 제출을 해야 하고, 채움 수업 안내 및 동의서의 경우는 신청하는 아이만 제출해도 되지만 나는 모든 사인이 필요한 가정통신문은 부모님의 사인을 받아서 가지고 오라고 합니다.

"신청 안 하는데 왜 내요? 안 내도 되잖아요?"

그래도 가지고 오라고, 신청하지 않음에 체크하고 사인을 받아서 제출하라고 하면 불평의 소리가 엄청 들려오지만 학급 원칙이라며 강조합니다. 이유는 가정통신문이 부모님에게 전해지기를 바라는 마음에서입니다. 아이들 가방을 열어보면 구겨진 가정통신문이 몇 장이나 들어 있는 경우가 종종 있어요. 사인을 받으려면 부모님께 전해져야 하고, 그것으로 아이와 짧게라도 학교 생활에 관해 대화하기를 바라기 때문이에요. 학교에서 어떤 프로그램을 하는지, 왜 신청하지 않으려고 하는지 정도만이라도 아이와 함께 이야기할 기회가 생기니까요. 아이가 말을 안 한다, 방문을 걸어 잠근다, 아이가 학교에서 이럴 줄은 몰랐다고 이야기하는 것을 줄일 수 있다고 생각해요.

"엄마, 가정통신문."

"뭔데?"

"몰라."

"니가 알아서 사인해."

아이들과 연극 대본 쓰기를 종종 하는데 가정통신문이라는 주제에서 가장 많았던 내용이었어요. 그 다음으로 많았던 건 이거였어요.

"가정통신문 같은 거 없어?"

"아, 맞다. 잠깐만. 이상하네. 분명히 가방에 넣었는데."

"무슨 내용인데?"

"몰라."

학교 누리집이나 밴드 등을 통해 가정통신문을 올려두지만 아이와의 대화의 물꼬로도 요긴한 가정통신문을 잘 활용하고, 사인은 아이에게 대신시키지 않기를 부탁해요.

엄마와 아빠도 섹스를 해

"선생님, 남자 친구가 생겼는데…
남자 친구와 손도 잡고 키스까지 했어요. 그런데…."
여기까지 듣고 어떤 생각을 했을까요?
'남자 친구가 성관계를 하자고 졸라대는 걸까?'
그런데 아이의 이야기를 들으면서
나의 코드가 너무 빗나갔다는 것을 알고
정말 당황스러웠답니다.
"요즘 계속 자꾸만 남자 친구와
섹스를 해보고 싶은 생각이 들어요.
그 친구가 하자는 것도 아닌데
제가 해보고 싶다는 생각이 자꾸 들어서….
그 친구를 만나면 그런 생각이 더 드니까
만나는 것이 두려운 생각까지 들고…
얼굴을 마주 보면 어색하고….
그 친구가 알면 나를 어떻게 생각할까 싶어 겁도 나고…
이러는 제가 이상한 건가요?"

과학 시간에 인체에 관한 수업을 하면서 아이들에게 자신의 몸을 관찰하고 기록하라는 과제를 냅니다. 민원이 들어올 거라는 예상을 했고, 예상은 빗나가지 않고요.

"무슨 이런 수업을 합니까? 도대체 애한테 무슨 짓을 시키는 거예요? 아이가 자기 성기를 관찰하고 그런다고 해서 어찌나 놀랐는지. 애들한테 누드를 그리게 하다니 변태 아니에요?"

사람의 몸을 공부하는 단원이니 몸의 구조와 명칭, 하는 일을 알아야 하는 것이 학습 목표이고, 생식 기관은 몸에서 매우 중요한 부분인데 왜 교과서 그림만으로 공부를 해야 하는 것일까요? 교과서에도 인체에 관한 그림은 누드인데? 옷 입고 있는 인체의 구조 그림 보신 분 손들어 주세요~~~.

언어는 곧 문화라는 말을 하지요. 우리말 '눈치'에 해당하는 영어 단어가 없듯이 영어의 '섹스'에 해당하는 우리말이 없다는 사실.

얼마나 무미건조한 말인가요? 관계라는 말.

성교육의 출발은 어디에서부터 시작되어야 할까요? 콘돔 사용법을 가르치는 것도 중요하지만 자신의 몸에 대해 제대로 알고, 그것을 왜 소중히 다루어야 하는지, 내 몸의 소중함과 함께 상대의 몸도 소중하다는 가치 교육이 가장 중요하다는 생각입니다. 몸에 관해서 알기 위해서는 어떻게 생겼는지, 정확한 명칭은 무엇인지부터 알아야 하고요. 우리 몸에 있는 부분인데 '거기' '그곳' '고추'라고 하는 것이 현실.

생식 기관, 임신과 출산에 관한 단원을 공부할 때 '성'이라는 단어만 나와도 아이들은 큭큭거리며, 묘한 표정을 지으며 친구들과 눈빛을 주고받는 모습을 보면 마음이 아픕니다. 왜곡된 성을 접했다는 증거 같아서.

섹스에 대해 어떻게 생각하느냐고, 성에 관해 무엇을 알고 어떤 생각을 가지고 있는지 궁금하다고 하면 대부분 입을 꼭 다물고 눈치만 보는 아이들.

"성은 우리에게 매우 중요하고 필요하며 아름다운 것입니다. 왜냐하면 여러분들이, 이렇게 예쁘고 소중한 여러분들이 바로 성의 결과물이기 때문이에요. 여러분들이 태어날 수 있었던 이유이니까요. 성이 더럽다거나 이상하다고 생각하는 사람들은 제대로 된 성이 아닌 왜곡된 성 이미지와 지식들을 접했기 때문일 거라 생각해요."

첫째 아이 중학교 시절 성인 사이트에 접속을 시도했었다는 걸 알게 되었을 때 나는 그 아이를 이해할 수 있었어요. 그게 의도적이었든 우연이었든 아이를 유혹하기에는 충분했을 테니까요. 나의 십대를 돌아보았어요.

내가 성의 이미지를 접한 것은 하이틴 로맨스와 순정 만화라는 이름의 성적 이미지들이 난무하는 그림들을 탐닉하면서, 그리고 거리에 붙어 있는 영화 포스터들을 보면서였어요. 난《겨울 여자》를 비롯한 성인 소설을 스탠드를 이불속에 넣고 밤새 읽기도 했고, 미성년자 관람 불가 영화를 보러가기도 했었어요. 내가 고등학교 3학년이던 1982년 심야 영화 상영이 허용되었고, 그 해 내가 본 대표적인 성인 영화는 〈애마부인〉이었답니다. 나는 호기심이 많은 아이였고, 야한 것을 좋아했고, 지금도 좋아해요. 그리고 여고시절 학생부장 선생님의 '하지 마!'라는 말은 내게 '꼭 해야 해!'라는 말로 들리곤 했었거든요.

나는 아이가 접속하려 했던 그 사이트 화면을 컴퓨터 바탕 화면으로 설정해 두었어요. 아이가 엄마가 자신이 그 사이트에 접속하려 했었다는 걸 알고 있다는 걸 알게 하기 위해서였어요. 다음 날 퇴근해 컴퓨터를 켜니 첫 화면이 바뀌어 있더군요. 아이는 내가 왜 그랬는지를 알게 되었을 것이고 며칠을 묵묵히 있었습니다. 그렇게 며칠을 보낸 뒤 저녁 산책을 하면서 마침 성인 나이트클럽의 광고지가 전봇대에 붙어 있기에 이야기를 꺼냈어요.

"엄마는 저런 곳에 가끔 가기도 해. 네가 갈 수 있는 곳이라고 생각하니?"

"…."

"컴퓨터에는 성인 사이트가 참 많아. 호기심에 한 번 들어가 보고 싶겠지. 굳이 들어가지 않아도 보여지는 여러 장면들이 있었지? 엄마와 아버지도 섹스를 해. 하지만 그런 곳에 있는 모습들은 정상적이지 못한 경우가 많아. 아이를 둘이나 낳은 엄마조차 놀랄 장면들이 많거든. 그런 것들이 너에게 성에 대한 거부감이나 잘못된 인식을 주게 될 테니 네가 안 보았으면 해. 엄마가 너를 일일이 따라다닐 수도 없어. 네가 굳이 보려 마음만 먹는다면 어디서든 가능한 일이잖아. 엄마도 너만 할 때 야한 장면이 많이 나오는 책만 골라 보기도 하고 선생님이 보지 말라는 영화를 보러 다니기도 했었어. 그러니까 그런 것을 보는 것이 무조건 나쁘다는 이야기는 아니야. 죄책감을 가지거나 할 필요도 없고. 네가 커가는 과정의 한 부분이고 자연스러운 거야. 하지만 만약에 그런 것이 계속해서 너무 보고 싶고 자신을 조절할 수 없다고 생각이 될 때는 엄마나 선생님에게 도움을 청해주었으면 해."

아이들은 무엇을 통해 성에 대해 눈을 뜰까요?

텔레비전을 잠시만 봐도 아이들 눈에 들어오는 수많은 성적인 이미지들. 엄마가 보는 드라마, 좋아하는 아이돌 가수의 뮤직비디오, 과제를 위해 검색한 유튜브 알고리즘을 통해, 통제되지 않은 아이들이 눈만 뜨면, 눈을 돌리는 곳마다 마주치게 되는 것이 성에 관한 이미지들입니다. 이러한 세상에서, 우리가 해야 할 역할은 무엇일까요?

아이는 세상과 만나면서 성장합니다. 그들을 세상과 단절시켜 키울 수는 없어요. 그들에게 최상의 환경을 마련해주면 좋겠지만 그렇다고 아이들만을 위한 세상을 만들 수는 없잖아요. 아이들에게 선별의 눈을 키워주고 스스로 절제가 안될 때 따뜻한 눈길로 그들을 감싸 안고 그들의 성장을 도와주는 것이 어른들의 역할이라 생각해요.

리틀맘과 과학수행평가

조건 없는 사랑,
그 믿음이 만들어내는 마법

"선생님, 저 키 2cm 컸어요. 봐요봐요. 큰 거 같아요?"
얼굴을 나의 턱밑까지 들이밀며
2cm 큰 거 느껴지느냐고 묻는 아이.
"이거 천만 원짜리 키예요. 1년 동안 성장 주사 맞았는데.
에휴~~ 큰 게 이거예요.
내가 말하지 않으면 사람들이 알지도 못하는 2cm.
엄마는 돈 들이고 효과도 못 봤다고,
그냥 놔뒀어도 그 정도는 컸겠다면서 내한테 짜증내고.
나는 나대로 그거 맞는다고 얼마나 스트레스였는데.
키 2cm 크는 동안 내 자존감은 마이너스 2m.
땅굴을 파고 있죠. 저어 깊은 땅굴을."
아이의 눈에 고여오는 눈물이 안타까웠어요.

호기심 강하고 하고 싶은 것이 너무 많은 첫째는 고등학교 1학년이 될 때까지 참으로 다양한 진로 탐색 과정을 거쳤답니다. 그리고 찾은 자신의 길을 가기 위해 열심히, 최선을 다해 공부를 했어요. 고등학교 2학년 2학기 기말고사를 앞두고 아이가 했던 말이 기억납니다.

　"진짜 죽을 만큼 할 거예요. 그런데 제가 기대하는 것만큼 안 나오면… 목매달아 죽을 거예요."

　그 말을 듣던 순간의 서늘함에 지금도 저절로 몸서리가 쳐집니다. 그때 그런 생각이 들었거든요. 진짜 죽을 수도 있겠구나. 아직은 자신이 기대하는 만큼 아웃풋이 안 될 때인데 어떻게 도와줄까 많은 고민을 했지요. 결과는 나의 예상대로, 아이의 기대를 만족시켜주지 못했고요.

　그런 아이를 데리고 여행을 갔었습니다. 겨울 방학 보충수업을 해야 한다는 학교에 간곡한 편지를 써서 지금 아이가 얼마나 힘들어하고 있는지, 가족을 통해 다시 기운을 낼 수 있도록, 가족과 함께할 시간을 좀 달라고.

제주 신라호텔 스위트룸에 들어가서 이렇게 말했어요.

"엄마와 아빠도 여기가 처음이야. 아빠는 이 엄청난 방값에 아직도 충격의 도가니에 빠져 계시지. 근데 여행을 할 때마다 그저 당연하게 이런 곳에 묵는 사람들도 있을 거야. 아무 생각하지 말고 며칠 초호화의 삶을 한 번 누려보자. 앞으로 너에게 어떤 삶이 기다리고 있는지는 아무도 모르잖아. 죽음은 굳이 선택하지 않아도 우리에게 올 테니."

그 여행에서 삶에 대한 용기를 다시 얻어 돌아온 아이는 사탐학원에 등록했고 난생처음 엄마로 하여금 한밤중에 학원 실어 나르는 경험도 하게 해주었지요. 아이는 고3, 1년을 참으로 열심히 살아주었습니다. 하지만 수시에서 불합격과 수능에서 기대에 미치지 못한 결과로 힘들어하는 시간을 보내야 했어요. 그 시간들을 지나 아이는 자신이 원하는 디자인 공부를 위해 런던 유학을 했고, 지금 디자이너로서 CEO로서 자신의 삶을 잘 꾸려가고 있지요.

절대적인 믿음이란 어떤 것일까요? 조건 없는 사랑이라고 생각해요. 그 어떤 상황에서도 무너지지 않는 유연한 믿음을 바탕으로 한 사랑.

중 1소녀들에게 보낸 문자입니다.

선생님이 하는 말 기억해 주세요.
우리 4반 소녀들을 사랑하는 건…
그냥…
있는 그대로의 모습을 사랑하는 거라고.
공부를 잘하니까
말을 잘 들으니까
등등의 조건이 붙지 않는다는 것을.
스스로를 사랑하는 것도 마찬가지입니다.
그리고 어떤 일이든 자신을 위해 선택해야 한다는 것도요.
주말 잘 보내요. ♥♥♥

최고령 담임을 만나 함께하는 시간을 통해 중1 소녀들은
내게 마법을 보여주었답니다.

최고령 담임의 1년을 소녀들이
치어리딩으로 말해줍니다

Smile Kindness

CHAPTER 04

Yourself

단호한 수용
+생크림 250ml+

생크림 250ml도 필요하고요

크림치즈에 설탕, 달걀을 넣어 잘 저어주었다면

이제 마지막 생크림 250ml를 넣어주세요.

생크림 역시 냉기를 없앤 것이어야 해요.

치즈케이크를 만드는 과정에서 가장 일관된 것이 바로

냉기를 없앤 재료를 사용해야 한다는 거.

모든 재료가 잘 섞인 상태가 되도록 생크림도 천천히 잘 저어주세요.

어우러지는 건 요리에도 사람 사는 것에도 중요하잖아요.

생크림이 잘 섞이면 이제 준비는 끝이 났어요.

이제 오븐에 굽기만 하면 된답니다.

왜 단호한 수용일까요?

수용에는 용기와 힘이 필요하답니다.

수용도 자기 자신이 가장 먼저랍니다.

내가 나를 어떻게 대하느냐가 곧 내가 세상을 대하는 태도이니까요.

그리고 타인에 대한 수용으로 확장되어야겠지요.

이런 수용의 태도는 아이와 어른 모두에게 매우 중요해요.

오븐은 230도로 예열시키고.

원형 케이크 틀에 종이호일을 깔고 준비된 반죽을 부어줍니다.

종이호일은 적당히 구김이 있도록 깔아주면

완성되었을 때 더 먹음직스럽답니다.

230도에서 25분, 180도로 낮추어 5분 정도 구워주면 완성입니다.

오븐의 사양에 따라 차이가 있으니

윗면의 색을 봐가면서 조절해주면 되고요.

왜 빨리 구워지지 않는지 조급해하지 말아요.

내 아이와의 시간도,

그 아이만의 온도도 수용해주세요.

전교 1등 한다고 해

"명절에 사람들 모이는 게 싫은 이유 중 하나가
다들 그 집애 공부 잘하냐고 묻는 거 때문이기도 해요.
엄마들 다들 그러잖아요.
아이 능력이 내 자랑이고 내 자존감의 근거라고.
학부모총회 갈 때 사실 아무리 명품 휘두르고 가면 뭐해요?
몸뻬 바지를 입고 와도
전교 1등 엄마는 후광이 보인다니까요.
없어서 안 차려 입은 게 아니라
의식 있어 그런 거라는 말까지 나올 정도니 말해 뭐해요.
아들 녀석 하나 있는 거 있는 정성 없는 정성 다해 키우는데
내 자존감은 바닥을 치고 있으니."

첫째 아이 중학교 추석 때 일이에요. 우리 아이보다 한 살 아래인 사촌이 '명절만 되면 만나는 사람들마다 다 공부 잘하냐고 물으니 정말 스트레스'라고 하니 아이가 말했어요.

　"뭐 그런 걸로 스트레스 받고 그러냐? 잘하냐 물으면 잘한다고 대답하면 되지."

　"잘 못하니까 그러지, 언니는? 잘하지도 못하는데 어떻게 잘한다고 대답을 해. 진짜 왜 꼭 그걸 물어보냐고? 할 말이 그렇게 없나? 돌아버리겠어. 정말."

　"어른들은 습관적으로 물어보는 거야. 별 생각 없이, 그냥. 솔직히 할 말도 없고 하니까. 오랜만에 만난 친척 아이한테 물어볼 말이 뭐가 있겠냐? 공부 말고?"

　"그래도 그렇지. 그냥 '열심히 하니?' 하고 물으면 대답은 할 수 있잖아. 열심히는 하니까. 그런데 잘하느냐고 물으니까 대답할 말이 없다니까. 1등 하는 것도 아니고."

　"잘하느냐 물으면 맘 편하게 그냥 잘한다고 대답해. 그 친척이 우리 학교 와서 내 성적표를 떼서 진짜 잘하는지 확인해볼 것도 아닌데 뭐. 전교 1등 한다 그래."

두 아이의 대화를 듣고 있던 형님이 우리 딸의 느긋함에 놀랐다면서 이러셨어요.

"나도 별 생각 없이 공부 잘하냐고 묻곤 했는데 이제는 그러지 말아야겠어. 세상에 잘하고 싶지 않은 아이가 어디 있겠어? 다 잘하고 싶지. 근데 그건 자신의 의지만으로는 안 되는 건데 자꾸 그걸 물으니 말이야."

아이들의 자기 인식은 매우 중요하므로 공부뿐만 아니라 다양한 것으로 아이가 자신의 장점을 찾고 긍정적인 인식을 할 수 있도록 해주기 바랍니다.

'친구'라는 제목으로 우리 반 아이가 쓴 글이에요. 참으로 진솔한 아이의 마음이 담겨있어 간직하고 있답니다.

난 잘하는 것이 별로 없다. 그래서 늘 공부 잘하고 선생님들에게 칭찬을 받는 아이 옆에 있으면 나 자신이 너무 초라해지곤 한다.

그래서 나는 말썽을 부리는 아이들, 공부 못하는 아이들, 선생님에게 자주 꾸중 듣는 아이들 옆에 있으려고 한다. 그러면 마음이 편해지고 마치 내가 공부도 잘하고 선생님들에게 칭찬을 받는 모범생이 된 듯한 느낌이 든다. 왜냐하면 분명

나는 그 아이들보다는 착하고 선생님에게 꾸중도 덜 듣고 공부도 잘하기 때문이다.

하지만 그게 늘 좋은 것만은 아니다. 친구를 보면 그 사람을 알 수 있다는 말이 있어서 그런지 사람들은 내 맘도 모르면서 나를 그 아이들과 똑같은 아이로 취급한다. 그래서 똑같은 것들이 모여 다닌다는 둥, 함께 다니는 애들을 보니 너도 뻔하다는 둥의 이야기를 들으면 참 속이 상한다. 그래서 난 요즈음 어떤 친구 옆에 있어야 할 지 몰라 고민을 하고 있다. 난 그 친구들과 함께 있으면 좋지만 나를 그 아이들과 같이 취급하는 어른들의 시선이 두렵다.

선생님보다 더 큰 흉터 있는 사람???

모르는 사람에게 인사하기 싫어요

"작가님, 너무 반가워요. 잘 지내셨죠?
가끔 보내주시는 글도 정말 잘 보고 있어요."
반갑게 인사를 하는 엄마가
강연장에 함께 온 아이에게 말합니다.
"인사드려. 엄마가 정말 좋아하는 작가님이셔.
이렇게 배꼽 인사."
그런데 아이는 엄마 뒤로 가서 숨어버렸고
엄마는 당황해하며 아이를 앞쪽으로 당기며
인사를 재촉했어요.
"왜 이러는지 모르겠네. 인사하라니까. 얼른."
꼼짝하지 않는 아이와 나를 번갈아보며
어쩔줄 몰라하는 엄마.
"죄송해요. 얘가 정말 오늘 왜 이러는지 모르겠어요."

이웃과 함께 탄 엘리베이터에서 인사를 하지 않은 딸.

엘리베이터를 나와 주차장으로 가면서 남편이 물었습니다.

"너, 왜 인사를 안 해?"

아이는 뜻밖의 대답을 했어요. 단호한 말투로.

"모르는 사람에게 인사하기 싫어요."

남편의 목소리가 살짝 높아졌어요.

"어떻게 모르는 사람이야? 늘 엘리베이터 타고 오르내리면서 보는 사람들인데?"

아이는 여전히 자신의 기세를 꺾지 않고 말하더군요.

"엘리베이터 같이 타는 사람은 다 아는 사람이에요? 그 사람들에게 다 인사해요? 아까 만난 사람들은 엄마나 아빠가 아는 사람들이지 제가 아는 사람이 아니잖아요."

인사는 당연히 해야 한다는 남편과 모르는 사람에게는 인사하기 싫다는 아이. 서로 감정이 상하거나 화가 났을 때는 어떻게 해야 할까요?

'거리 두기', 공간의 거리를 두거나 시간의 거리를 두는 것이 필요해요. 그날 저녁 아이와 마주 앉았습니다.

"모르는 사람들을 향해 마음을 연다는 거, 그거 결코 쉽지 않아. 엄마도 가끔은 머뭇거리게 되는 순간이 많아. 하지만 엄마는 그렇게 생각해. 이 세상은 혼자만 살 수는 없어. 다른 사람들과 더불어 살아야 하는 세상이야. 내가 아는 사람들하고만 인사하고 지내도 된다고 생각할지도 몰라. 그 사람들만으로도 충분하다고. 생판 모르는 사람들을 향해 안녕하세요, 라고 말하는 게 쉽지는 않지만 꼭 해야 하는 것이라고 생각해. 그건 네가 세상을 향해 열린 마음을 키워가는 가장 기본적인 과정이라고 생각하니까."

예의 바른 아이의 기준은 무엇일까요?

예의는 공동체 생활을 하기 위해 인간의 본성을 억눌러가면서 만든 사회적인 규약이고, 꼭 필요하지만 인간의 자존감 존중의 기반 위에서 요구되어야 한다는 생각이에요.

"아까 니가 인사 안 해서 엄마가 부끄러웠어. 너를 잘못 가르친 것 같아서."라는 말은 엄마와 아이 모두의 자존감에 상처를 주는 결과를 가져와요. 엄마는 아이를 잘못 키운 사람으로 스스로의 자존감을 떨어뜨리고, 아이는 엄마가 부끄러워하는 사람이라는 자기 인식으로 자존감을 떨어뜨리고.

아이에게 인사를 하지 않은 이유를 물어봐주세요. 아이가 하는 행동에는 언제나 이유가 있으니까요.

"그랬구나. 그래서 인사를 안 한 거구나. 그럴 수 있어."

그 다음에 가르침이 있어야 해요. 인사를 해야 하는 이유에 관해 아이들이 이해할 수 있도록 가르쳐주는 시간.

"엄마가 좋아하는 작가님이셔. 인사해. 배꼽 인사."

이 말에는 아이가 인사를 해야 하는 이유는 하나도 없고 오로지 엄마에 의한 일방적이고 지시적인 요구만 있죠?

"얼른 손 씻어. 가방 갖다 두고, 이리 와서 간식 먹어."

학교 갔다 돌아온 아이에게 이렇게 말하는 것에서 문제점을 발견했을까요?

아이의 자율성이라고는 전혀 없는, 엄마의 일방적인 지시만 있다는 것을 발견해주기 바랍니다. 그래야 아이에게 이런 말을 하지 않게 된답니다.

"자기주도적인 학습이 중요하다는데 우리 애는 스스로 책을 펼치는 꼴을 못봐요."

자신의 생각과 의견을 존중받으며 자란 아이들이 자신뿐만 아니라 타인을 존중하는 태도를 가지게 되고, 버릇없는 아이가 아니라 선택하고 조율하는 힘을 가지게 된답니다.

공공장소에서 떼쓰며 우는 아이

내가 안 버렸는데 왜 내가 주워야 해요?

학부모 교육에 참석한 어머니께서 이런 말씀을 하십니다.
"화장실 가보고 깜짝 놀랐습니다.
휴지가 줄줄이 풀려 있고,
손 닦은 휴지는 세면대 바닥에 여기저기 뭉쳐져 있고.
바로 옆에 커다란 휴지통이 있드만.
휴지도 기도 안 차지만 여학생들이 생리대를.
학교에서는 도대체 애들을 어떻게 가르치는 건지."

휴지를 아껴 쓰는 것,
자신이 사용한 휴지를 휴지통에 넣는 것이나
사용한 생리대를 깔끔하게 처리하는 방법은
학교만의 문제는 아니라고 생각해요.
가정에서 부모를 통해서 기본적으로 배워야 하지만,
그렇지 못한 경우도 있으니 학교도 함께 교육해야 하는,
공동의 문제라고 생각합니다.

모둠 토론 활동 시간, 한 아이 의자 근처에 유난히 쓰레기가 많이 떨어져 있어서 쓰레기 좀 주우라고 하니 이렇게 말합니다.

"내가 안 버렸어요."

"그래도 주우면 안 될까? 네 자리 바로 옆이니까."

"내가 안 버렸는데 왜 내가 주워야 해요?"

그러면서 짜증을 냅니다.

"아이씨이~~ 누군데? 버린 사람이 빨리 치워라."

내가 주우면서 말했어요.

"선생님도 이걸 버린 사람은 아니지만 주울게. 선생님이 너에게 부탁했던 건 니 자리 근처였기 때문인데 니가 버리지 않았으면 속상할 수도 있겠다. 그런데 꼭 내가 버리지 않았더라도 내가 주울 수 있지 않을까? 내 주변을 내가 깨끗하게 하는 것도 필요하니까. 나를 위해서."

　수업이 비는 시간에 과학실 청소를 했어요.

"선생님, 청소 열심히 하시네요?"

수업하러 온 소녀들에게 도움을 청합니다.

"선생님 혼자 벅차네요. 소녀들이 의자 내려주고 책상 위를 닦아주세요."

아이들도 열심히 청소를 합니다.

"수고했어요. 도와주어 고마워요. 청소 당번이 있지만 선생님이 과학실 청소를 하는 이유는 이곳은 선생님이 생활하는 공간이기 때문이에요. 내가 사용하는 곳을 청소하는 것은 당연하니까요. 오늘 소녀들에게 도움을 청한 것은 선생님 혼자 하는 것이 벅찼기 때문이에요. 어려울 때는 도움을 청하는 것도 필요해요. 과학 선생님을 도와주기 위해서 청소를 했지만 여러분 자신을 위한 것이기도 하다? 어때요? 과학실은 여러분의 공간이기도 하니까요. 선생님도 예전에는 학생들을 위해 청소한다고 생각했었는데 결국은 나를 위한 청소라는 것을 알게 되었어요. 어떤 일을 할 때 남을 위해 한다고 생각하면 내가 왜? 라는 억울한 생각이 들거나 손해 보는 것 같아 속상할 수도 있지만 나 자신을 중심에 세우고, 주인 의식을 가지고 하면 많은 일들이 결국은 나 자신을 위한 거라는 걸 알게 될 거예요."

공주와 왕자만 있고 시종이 없는 동화를 상상해볼까요?

"우리 공주님은 다른 거 하나도 안 해도 돼요. 공부만 열심히 해요."

"우리 왕자님, 엄마가 다 알아서 할 테니 너는 공부만 열심히 하면 돼요."

그렇게 자란 공주와 왕자가 만나면 어떻게 될까요?

옷은 니가 알아서 입어

우리 집이 빙하 가옥 체험 학습장?

아이는 자신이 원하는 오디오를 사기 위해
정말 열심히 저축을 했어요.
그렇게 해서 모은 돈이 28만 원.
오디오의 가격은 46만 8천 원. 턱없이 부족한 돈이었지만
너무 오래 시간을 끌면 아이가 지칠 테니,
나머지 금액 중 10만 원은 남편이 보태고
또 5만 원은 내가 보탠 뒤
모자라는 금액은 24개월로 아이에게 빌려주고
나누어 갚는 조건으로 오디오를 샀어요.
그렇게 산 오디오이기에 아이의 애착은 대단했어요.
우리 부부는 아이가 무엇을 배우고 싶어 할 때
첫 수강료는 꼭 아이의 통장에서 인출해 지불했어요.
아이가 여섯 살 때 미술 학원에 다니고 싶다고 해
아이 손을 잡고 은행으로 가 아이의 통장에서
첫 학원비만큼 찾아 봉투에 넣어 아이 손에 쥐어 주었지요.
아이는 그 돈을 내밀면서 참으로 의기양양했어요.

한파 가옥 체험으로 MBC 〈지금은 라디오 시대〉에 인터뷰까지 하는 일이 발생했어요. 2011년 1월, 아이들과 1박 2일 여행을 다녀온 일요일 밤, 극심한 한파로 인해 20년 넘은 낡은 아파트가 꽁꽁 얼어 물도 안 나오고 난방도 안 되는 상황. 전기 매트가 있으니 잠을 자는 데는 크게 문제가 되지 않겠지만 당장 세수할 물과 화장실이 문제였어요. 호텔로 갈까? 친정집 신세를 질까? 하다가 남편과 함께 '빙하 가옥 체험'을 하자는 엉뚱한 결론을 내렸습니다.

다음날 아이가 나의 친구 집(아래 층)에 샤워를 하러 내려갔을 때의 대화가 이랬다고 합니다.

"어떻게 사니?"

"그냥 사는데요?"

"하여튼 너희 가족은 여러모로 대단하다, 대단해."

다행히 화요일에 앞베란다 수도관이 녹아 찬물이 나오기 시작했어요. 비록 찜통에 물을 데워 고무통에다 옮겨 담아 세수도 하고 설거지를 해야 했지만 물이 나온다는 사실이 그렇게 고마울 수가 없었어요. 변기에 일일이 물을 채워야 하는 수고를 해야 하면서 아이들은 물이 얼마나 소중한지 그 어느 때보다 절실히 느꼈다고 합니다.

수요일, 출근해 있으니 친구가 전화를 했어요.

"작은애라도 우리 집에 내려보내. 남편이 좀 불편해도 우리 집에 와서 며칠 지내라고 하는데…. 꿈에 작은애 감기가 들어가지고…. 당장 안 녹는다는데 정말 걱정이다."

이웃의 따뜻함과 고마움을 가족 모두 경험했습니다. 드디어 금요일 오후 5시 27분, 보일러가 돌아가기 시작했고 일요일 밤부터 시작된 '빙하 가옥 체험'은 대단원의 막을 내렸답니다. 온수가 나오고 방이 따뜻해지니 세상에 부러울 것이 없더군요. 정말 그렇게 행복할 수가 없는 거예요.

"행복이라는 것은 참 상대적이야, 그치? 아마 이번 며칠 동안 매일 조금씩 조금씩 행복해지는 경험을 했을 거야. 물이 하나도 안 나오던 첫날에 비해 찬물, 그것도 앞베란다 한 곳에라도 나올 때 그게 어디야, 그치? 그러다 화장실 물이 나오니 더 행복하고, 보일러 돌아가니 세상을 다 얻은 것 같았잖아, 맞지맞지?"

인생을 살아가면서 이런 경험은 하지 않고 살아가면 더없이 좋겠지만 사람 일은 모르잖아요. 가족이 함께 있을 때 같이 해본 이 경험들이, 춥지만 서로에게 기대어 체온을 나누던 기억이 아이들에게 삶의 힘을 조금은 키워주었으리라 믿어봅니다. 이웃의 관심과 사랑을 듬뿍 받은 시간들이었기에 더불어 사는 삶에 대한 마음도 커졌을 거라 생각해요.

첫째 아이는 초등학교 시절 가끔 장사를 했어요. 4절지 전지 1장, 고무줄, 새우깡 1봉지, 오렌지 주스 1병, 우유 1통, 집에 있는 책, 장난감 등이 장사 밑천.

용돈보다 많은 돈이 필요할 때 한 번씩 만들어지는 딸의 자판기. 그 자판기의 주고객은 동생. 물론 남편과 나도 적지 않은 돈을 그 자판기에 넣어야 했어요. 아이가 이 장사에 들이는 비용은 1천 원이 채 되지 않았어요. 책과 장난감은 있는 걸 쓰니 돈이 들지 않기 때문이죠. 하지만 새우깡 3개에 100원, 우유와 주스는 소꿉놀이 컵으로 1컵에 100원, 장난감과 책은 각각 300원씩이니 들어오는 수입이 꽤 쏠쏠했죠.

자본주의 사회에서 살고 있는 우리에게, 단순히 부자가 되기를 원하는 요즘 아이들에게 돈과 사회의 관계를 올바로 바라볼 수 있는 시각이 필요해요. 심부름하고 용돈을 받아보고, 자신에게 필요 없는 물건을 중고 마켓에서 팔아보는 등 아이들이 생활에서 경제활동을 직접 경험해볼 수 있는 일들을 함께 찾아보는 기회를 주었으면 해요. 그 과정들을 통해 삶에서 돈의 의미와 가치를 생각해볼 수 있을 테니까요.

층간소음으로 윗집 초인종을 눌렀습니다

20년 넘게 살던 아파트를 리모델링하는데
공사기간이 예상보다 길어졌어요.
공사를 해주신 인테리어 회사 대표님이 그러십니다.
"30년 넘게 공사를 했지만
이렇게 점잖은 이웃은 첨 봤습니다.
공사 며칠은 진짜 시끄럽거든요.
심한 곳은 우르르 몰려오고 경비실에 신고도 하고,
진짜 요즘 공사하기 쉽지 않은데.
여기는 정말 단 한 사람도
이야기하러 오는 사람이 없었어요.
현장 인부들도 신기하다고 합니다."
그러면서 남편 칭찬을 덧붙입니다.

"이사님이 세상 잘 살았나 봅니다.
이런 것도 다 오고가는 거 아니겠습니까?"

윗집에 서너 살쯤 된 아가네가 이사를 왔습니다.

에너지가 넘치는지, 밤늦게까지 콩콩콩을 넘어 우당탕탕 어찌나 뛰는지.

솔직히 불편하고 신경 쓰이는 층간 소음으로 어떨 때는 화가 나기도 했지만 남편이 말리더군요.

"우리도 애들 키워 봤잖아. 우리 애들은 조용하다 생각했는데 밑에 집에서 올라오니까 속상하고 안 그렇트나. 우리가 쪼매 더 빨리 자뿌자."

남편다운 생각에 피식~~ 웃으며 넘어갔지만 매번 쉽지는 않았어요.

11시, 12시까지 잠을 자지 않는 아이. 그래서 윗집 초인종을 눌렀습니다.

"제주 사는 동창이 직접 농사지은 황금향이에요. 믿고 먹을 수 있으니 아가도 먹이고… 엄마가 더 많이 먹어요. 아가 키우는 거… 힘들잖아요."

하며 건네주었습니다. 인터폰을 통해 들려온 "아랫집이에요."라는 말에 놀라고 긴장을 했던지 몹시 당황한 얼굴로 연신 고맙다는 인사를 하더군요.

황금향을 들고 올라간 것은, 나도 두 아이를 키워본 엄마였기 때문입니다. 뛰는 아이 말리고 제지하느라, 아랫집 눈치 보느라 힘들 거 같아서요.

생각이 바뀐 이유는 두 가지였습니다. 이 아파트에 20년 넘게 살고 있는데 아랫집도 아이가 초등학교 때 이사를 와서 올해 수능을 보았으니 10년 정도 이웃으로 살고 있어요. 아이의 수능 응원 선물로 황금향을 주고 계단을 올라오는데 그런 생각이 드는 겁니다. '윗집인 우리는 어떠한가…. 나름 신경을 쓰며 살기는 하지만 생활 소음이 없는 건 불가능할 텐데.' 단 한 번도 그런 이야기를 한 적이 없는 고마운 아래 집이라는 생각이 들었어요. 그리고 또 한 가지는 딸들의 집을 다녀온 덕분(?)입니다.

고양이가 있는 집 거실은 여전히 낯설고 적응이 안 되는 엄마입니다. 아이들은 두 마리의 고양이를 키우고 있는데 이사 온 아랫집과 고양이로 인한 층간 소음으로 갈등이 있다고 하더군요. 그래서 거실에 커다란 소음 방지용 매트도 두 장이나 깔았다고. 아주머니는 고양이 때문에 시끄럽다고 올라오고 아저씨는 아내가 예민해서 그러니 미안하다고 올라오기를 반복하고 있는 상황이라고.

아이들의 이야기를 들으면서 사람은 누구나 자기중심적일 수밖에 없지만 아랫집으로서의 나와 윗집으로서의 나에 대해 많은 생각을 해보게 되더군요. 덕분에 어린아이를 키우는 엄마의 입장을 조금 더 깊이 생각해보게 되었고 아이가 너무 뛰어 시끄럽다는 이야기 대신 에너지 넘치게 뛰는 아이 때문에 힘들 엄마를 위로해주고 싶었어요.

아이는 여전히 뛰지만 고개 들어 천장을 바라보는 나를 보며 남편이 말합니다.

"윗집에 신경 쓰면 더 크게 들린다. 니가 무던하게 쫌 봐줘라. 우리 집은 나이 든 부부만 사니 조용하다고 생각하지만 아랫집은 안 그럴 수도 있다. 우리도 누군가의 윗집이다."

"아니, 시끄럽다고 올려다본 게 아니라 여전히 우당탕 소리가 들리는 거 보면 아이가 집에 있기는 한데. 소리가 쫌 작아진 거 같아서."

"그게 다아~~ 마음 때문이다. 내한테는 똑같이 들리는데 니가 마음이 쪼매 넓어진 모양이네."

층간 소음을 통해 또 한번 나를 들여다보는 시간이었어요.

구순 시어머니의 아주 특별한 세뱃돈

29명이같이읽은책《미안해, 스이카》

연예인의 학폭 의혹 기사로
과학 시간 마중물 수업을 시작했습니다.
"이 기사는 여러분들도 봤을 겁니다. 두 가지를 부탁해요.
하나, 진실은 누가 알까요? 본인들만이 진실을 알 겁니다.
그래서 간곡히 부탁해요. 제대로 알지 못하는 것을
다른 사람에게 전하는 일은 없어야 합니다.
문제가 생겨 아이들과 마주하면
대부분의 경우 '전해 들었다'입니다.
그리고 또 한 가지. 지금 여러분들은
자신에게 잘해주면서 살고 있는지 묻고 싶습니다.
살다 보면 속상한 일도 많죠. 스트레스도 많고.
부모님, 선생님, 성적, 친구 때문에 등등
화가 난다고 자신에게 상처를 주고 있는 것은 아닌지.
자해를 하는 학생들이 적지 않다고 합니다.
자신에게 상처를 주는 일은 없기를 부탁해요.
자기에게 친절하고 타인에게도 좋은 사람이 되어주세요."

우리 반에 일명 '5반 분서갱유' 사건이 있었습니다.

우리 반 아이들이 소설 쓰기에 열을 올리고 있다는 것을, 그리고 많은 아이들이 그 소설을 읽고 있다는 것을 알게 되었고 소설 공책은 순순히 자진 압수되었어요.

아이들이 소설을 쓴다는데 칭찬과 격려를 해주지 못할망정 다 빼앗다니… 할지 모르지만 중1 아이들이 이런 표현을 어떻게 알까 싶을 정도의 성적인 묘사를 한 소설을 쓰고 그걸 돌려가며 읽고 있었어요. 아이들에게 물어보았습니다.

"지금 뺏은 이 공책에 적힌 소설들을 모두 워드 작업하여 우리 학교 홈페이지에 올려볼까 해요. 자신의 작품이 자랑스러운 사람이 몇 명이나 되는지, 나도 그 소설 읽었다며 당당하게 손들 수 있는 사람이 몇 명이나 되는지…. 홈페이지에 올려볼까요? 이 소설을 쓴 작가를 공개해도 되겠지요? 내가 이 소설 쓴 작가라고 댓글 달고, 재밌게 읽었다고 읽은 사람들도 댓글 달아줄 거죠?"

아이들은 아무말도 못하더군요.

그러던 중《미안해, 스이카》라는 책을 추천하는 글을 보게 되었고 당장 주문하여 읽어보고는 이 책으로 이런 일을 해보고 싶었습니다.

음란 연애소설을 쓴 우리 반 소설가들에게 우리 반을 주제로 사람들을 감동시키고 누군가의 마음을 움직여주는 책을 써보라는 '벌'을 주고 싶었어요.

책의 내용이 학교생활, 그중에서도 친구 관계, 왕따 문제를 다루고 있어 우리 반 모두 읽어보고 자신의 느낌을 글로 적어보기로 했습니다. 29명이 조를 짜서 다 같이 읽고 독후감을 쓴 뒤 자율 시간에 독서토론회를 가져보기로 했어요.

첫 순서로 읽은 아이 중 한 명이 그날 밤 이런 문자를 보내왔습니다.

「오늘 미안해 스이카를 다 보았는데 너무 슬퍼 눈물 때문에 제대로 읽지 못했다. 이렇게 긴 책을 하루 만에 읽은 것은 오랜만이다. 독후감도 길게 손이 멈추지 않을 만큼 나왔다. 아빠한테도 소개시켜주고 싶다 정말. 한 권을 사서 계속 읽고 싶은 책이었다.」

말투가 이상해서 나에게 보낸 게 맞느냐고 했더니 다음 읽을 차례인 아이와 선생님에게 같이 보내느라 그렇다면서 아이는 이렇게 덧붙였습니다.

「정말 심각하게 읽었어요.」

아이들 사이에는 늘 다툼이 있고 그로 인해 감정이 상하곤 하지요. 그런 일들이 우리 반에도 많았습니다. 그리고 시간이 지나 화해를 하고 싶지만 그 친구가 거절할까 봐 두렵기도 하고 내가 먼저 말을 걸면 자존심이 상하거나 친구가 나를 얕잡아보는 것은 아닐까 등등의 고민으로 힘들어하는.

아이들 스스로 화해를 하고 관계 형성을 잘 유지해 가는데도 이 책이 큰 도움을 줄 수 있을 거라 생각했어요. 아침 독서 시간에 아이들의 얼굴을 찬찬히 들여다보고 있으면 전부는 아니더라도 아이들의 몸에서 자신들도 모르게 내보내고 있는 작은 메시지들이 느껴진답니다.

교실이라는 작은 공간에서 하루 8시간을 같이 보내는 29명의 아이들. 많은 감정들이 부딪치겠지요. 아이들이 서로를 조금 더 이해하고 더불어 살아가는 삶을 알아가도록 잘 도와주고 싶은 마음에서 시작한 일이었어요.

책 한 권으로 계획한 모든 것을 다 얻지는 못했지만 한 권의 책을 다 같이 읽어보았다는, 같은 경험을 가지고 있다는 동료 의식이 생겼고, 책을 통해 앞으로 길고 긴 인생에서 '관계'의 소중함과 그것을 유지하는데 많은 노력이 필요하다는 것을 알게 되지 않았을까 합니다.

수업시간에 선생님이 교탁에 엎드려 잔다면?

가출을 꿈꾸는 아이들

교사 연수에서 나에게 많은 분들이 교육관을 묻습니다.
선뜻 대답하기 힘들지만 이렇게 대답하곤 합니다.
"저는 학생들보다 저 자신을 더 많이 사랑하면서 삽니다.
제가 아이들의 손바닥을 때리던 교사에서
비폭력 교사로 바뀌게 된 것은
아이가 얼마나 아프고 상처받을까 하는 생각보다
누군가를 때리는 인생을 살고 싶지 않았기 때문입니다.
아이를 비난하는 순간도 제 인생이고
잔소리를 하는 순간도 제 인생이라는 것을 깨달았습니다.
저는 제 인생을 바꾸고 싶었습니다.
아이를 변하게 만드는 것보다 제 자신이 변하는 것이
더 시급하고 필요하다는 생각을 하게 되었지요.
그 방법을 찾기 위해 여러 가지를 생각하고
시도를 해보면서 왔습니다.
그 중 제가 가장 성공(?)했다고 생각하는 것이
'비폭력'과 '따뜻함'이라 생각합니다."

한밤중에 학부형으로부터 전화가 왔습니다. 대뜸 하시는 말씀이,

　"우리 애가 뜬금없이 선생님 집에 가서 산답니다. 하도 어처구니가 없어서… 그런데 선생님이 와도 된다고 했다는데 이게 무슨 말입니까? 선생님이 아이보고 가출하라 부추기는 것도 아니고. 도대체 학생 지도를 어떻게 하는 겁니까?"

　"어머니, 진정하시고 아이에게 무엇 때문에 저희 집에 가고 싶은지 물어봐 주십시오."

　"당연히 물었지요. 별 이유 같지도 않은 걸 이유라고 댑디다. 선생님은 잔소리 안 하고 고함 안 지르고 자기 말을 들어준다고. 그게 이유가 됩니까? 그런 하찮은 이유로 엄마 버리고 집을 나가 선생님하고 살겠다니 말이 되느냐 말입니다. 속을 썩이다 썩이다 이제는 정말. 선생님한테는 다른 이야기 없던가요? 이유가 이유 같아야 말을 들어주지요. 분명 다른 이유가 있을 것 같은데 아무리 물어도 입을 빼물고 저러고 있으니. 그리고 선생님이 오라고 한 건 사실입니까?"

아이 어머니와 다음 날 만나 이야기하기로 하고 전화를 끊은 뒤 아이에게 전화를 했습니다. 아이는 아무 말 없이 울기만 하더군요. 그렇게 전화기를 통해 들려오는 아이의 울음을 한없이 들어주기만 했습니다. 아마도 엄마에게 자신의 울음소리가 들릴까 봐 입을 틀어막고 우는 듯 했습니다.

'잔소리 안 하고 고함 안 지르고 자기 말을 들어주는' 사람이 너무도 간절하고 절실한 아이. 아이는 그렇게 온몸으로 통곡하고 있었습니다.

다음 날 만난 아이의 어머니는 이렇게 말씀하시더군요.

"하나부터 열 까지 제가 말 안 하면 손가락 하나 까딱 안 하니 제가 잔소리를 안 할 수가 없잖아요. 의욕이라곤 손톱만큼도 없는 데다가 세상 불만 혼자 다 지고 사는 것 같은 얼굴을 보기만 해도 화가 난다니까요. 고함 안 지르는 엄마, 저도 하고 싶습니다. 욕한다는 소리는 안 하던가요? 결국은 욕을 들어야 엉덩이를 움직이는 게 누군데. 자기 말 들어주는 거요? 지는 내 말이라고는 발가락 때만큼도 안 여기면서 엄마가 자기 말 안 들어줘서, 그래서 멀쩡한 집을 나가겠대요? 저도 이제 지칩니다. 내일 모레 고3인데. 나는 이렇게 마음 급하고 답답한데 천하태평도 그런 태평이 없어요. 자식이라곤 딸랑 지 하나인데. 내가 저를 어떻게 키웠는데⋯."

알이 먼저냐 닭이 먼저냐 같지 않나요?

어긋나버린 아이와 부모의 관계. 사춘기에 접어들면서 그 어긋남의 정도는 점점 커져가고 급기야는 서로 상처주고 모두가 아파하는 상황이 되는 경우가 너무 많습니다.

십대들과 함께해온 시간이 38년이 되었습니다. 그리고 지금의 나는 웬만해서는 아이들에게 잔소리를 하거나 혼내는 일을 잘 못 하는 교사가 되었습니다. 지금 십대들의 삶이, 그저 가만히 놔두어도 너무 많이 아픈 게 보이고 느껴지기 때문입니다. 아이들을 보면 그저 짠하게 가슴이 아파와요. 이 아이들의 하루 삶이 어떻다는 것을 알기에.

잔소리하지 않고 고함지르지 않고 자기 말에 귀 기울여주는 엄마를 원하는 아이의 바람은 그 엄마의 말처럼 이유가 되지도 않을 만큼 작고 소박하지요. 하지만 세상의 많은 아이들이 그 소박한 바람을 가슴에 간직한 채 오늘도 숨죽인 채 많이 아파하고 있다는 것을 아시는지요?

학교에서 아이들과 함께하며 크게 깨달은 것은 '사랑'이었습니다. '사랑이 모든 것을 변화시킨다'는 유명한 말, 나 역시 백배 공감합니다. 따듯한 사랑을 받으며 정서적으로 안정된 아이들이 행복한 삶을 살게 되는 것을 지켜보면서 '엄마로서의 삶'에 대한 답을 얻게 된 것이지요.

모두가 집으로 돌아가고 싶은 것은 아니다

우린 서로에게 어떤 가족일까?

"너네 엄마 뭐하셔?"

"과학 선생님."

"아! 그럼 과학은 빠삭하게 다 가르쳐주시겠네."

"아니."

친구들에게 이렇게 단호하게 말할 수 있었던 게

얼마나 즐겁고 통쾌한지 모르겠습니다.

다들 엄마가 가르쳐주겠지, 라고 할 때

그런 적 없다고 말하는 것.

자신을 자신으로 보지 않고

'누구누구의 딸'로 보게 만들지는 마세요.

자존감이 엄청 없어 보입니다.

과학 선생과 과학 선생 딸의 삶은 다릅니다.

초등학교 교사의 아이들은 전 과목을 잘 쳐야 할까요?

〈나의가족 : 4학년 2반 윤○○〉

엄마는 심장병인 나를 데리고 서울대 병원을 왔다갔다 하셨
다. 내가 아플 때에는 나보다 더 아파하신다. 5개월 때부터
수술을 한 나는, 어릴 때는 엄마 마음은 생각도 안 하고 그저
아프다고 보채기만 했었다. 지난 7월 14일에 수술을 한 번
더 했다. 이제는 엄마 마음을 충분히 이해할 수 있는 나이인
데도 불구하고 또 보채기만 했다. 지금 생각하면 눈물이 나
려고 한다. 또 언제는 너무 아파서 '죽게 놔두지 왜 살려 놓은
거지?' 생각한 적이 있었다. 나는 이 말을 엄마에게 하고 싶
었지만 말하지 않았다. 내가 중환자실에 있는 동안에는 나를
너무 많이 기다리고 있었던 엄마.

아버지께선 나의 수술비를 감당하시는 우리 집의 가장이시
다. 아버지께서도 내가 아파할 때 더 아파하셨다. 아버지는
많이 바쁘셔서 내가 병원에 있을 때도 토요일, 일요일 밖에
못 오신다. 어떤 일요일 날 아버지께서 이렇게 말씀하셨다.

"○○아, 내일 중환자실에서 나오면 중학교 3학년 때에 사줄 휴대폰을 1년 앞당겨서 2학년 때 사줄게."

그 말이 효과가 있었는지 다음 날 나는 일반 병실로 갔다. 아버지께서 아주 기뻐하시며 오늘은 그냥 쉬고 내일부터 휠체어 타자고 하셨다. 하지만 엄마는 "오늘만 휠체어 타고 내일부터는 걷자."고 하셨다. 나는 빨리 집에 가고 싶은 마음으로 "음… 저는 엄마 말씀대로 오늘만 휠체어 타고 내일부터는 걷기 운동을 할래요."했다. 그래서 나는 정말 빨리 나았다.

하나밖에 없는 우리 언니. 고등학생인 언니는 내가 병원에 있을 때 내가 너무 갖고 싶었던 만화책 '카드 캡쳐 체리'를 선물로 가져왔다. 언니가 나를 아낄 거라 믿으며 살고 있다.

나는 우리 가족의 걱정과 따뜻한 마음, 다른 사람을 배려하는 것을 보면서 가족의 소중함을 알게 되었다. 그리고 생각만 하다가 이젠 행동도 하게 되었다. ○○이가 추수 감사 예배에 오라고 했지만 아버지의 가족 체육대회에 같이 가겠다고 했다. 좀 놀라는 부모님께 "가족이 먼저잖아요."라고 말씀드렸더니 감동하셨다.

학교에서 쓴 글을 액자에 넣어 전시를 할 계획인데 너무 길다고 줄여오라는 선생님 말씀에 글을 줄이는 작업을 하면서 아이가 묻더군요.

"엄마, 저랑 병원에 많이 갔잖아요. 근데 몇 번 울었어요?"

"울긴 내가 왜 울어. 한 번도 안 울었지."

"그렇죠? 학교에서 마음 아파하신다, 하고 적고 우셨다고 적으려고 하니까… 우셨나? 생각해보니 엄마가 우는 걸 본 적이 없어서…. 한 번도 안 운 거 맞죠?"

"안 울었지. 우리딸이 씩씩하게 잘하는데 엄마가 울 일이 있어야지. 안쓰럽고 마음 아팠던 것은 사실이지만 울진 않았어."

"그렇구나. 하긴 이 정도로 울고 할 건 아니지. 다 이겨낼 수 있는 거니까."

아이와 남편은 액자에 그려진 그림이 마음에 안 든다고 입이 삐죽 나왔지만 두 사람의 이유는 전혀 달랐답니다.

딸 : 엄마가 너무 못생기게 그려졌어요.

남편 : 글에서 내 비중이 훨씬 큰데 왜 아빠는 안 그린 거야?

나 : (또 다른 이유로 투덜) 이상하네. 나도 돈 버는데 왜 수술비를 감당하는 사람이 아버지라는 거야?

이렇듯 생각이 다르지만 아이의 글처럼 우리 가족은 서로를 따뜻하게 보듬으며 살아왔고 살아가고 있답니다.

아이들과 지금 사랑하십시오. 지금 사랑한다고 말해주세요. 아이들은 곧 우리 품을 떠나 자신들의 세상을 만들어간답니다.

중1 소녀들의 편지

(생략) 소녀들을 위한 책을 쓰고 싶다는 생각. 소녀들을 도와주기 위해 가장 필요한 것이 무엇인가 생각해보니… 부모님들이 읽을 책이 필요하다는 생각을 하게 되었어요. 부모님들이 소녀들의 마음을 조금 더 알고 이해하면서 소녀들을 도와주었으면 하는 생각이기 때문입니다.

선생님은 십대 시절 꿈이 '좋은 엄마'였어요. 내가 바라는 엄마가 있었는데 현실의 나의 어머니를 내가 원하는 대로 바꿀 수 없으니 내가 그런 엄마가 되어야겠다는 꿈을 가지게 되었지요. 그건 선생님의 삶의 이유가 되어주었고, 좋은 엄마를 넘어서 좋은 어른이 되어야겠다는 꿈으로 이어졌답니다. 아직 부족한 점이 많지만 그 꿈을 향해 노력하면서 살아가고 있는 중이고요. 그래서 부탁이 있어요. 소녀들이 엄마가 된 미래의 자신의 모습을 그려보며 그 생각을 들려주어요.

이런 말을 많이 해주고 싶어요.	
이런 말은 하지 않으려고 노력하고 싶어요.	
이렇게 하면 아이가 좋아할 것 같아요.	
이렇게 하면 아이가 싫어할 것 같아요.	
나는 이런 엄마가 되고 싶어요	

너무도 많은 소녀들이 A4 앞뒤에 적힌 질문들에 정성을 다해 자신의 이야기를 들려주었답니다. 소녀들이 들려준 이야기에 귀를 기울이며 원고를 썼습니다.

아이들에게 어떤 엄마가 좋으냐, 어떤 엄마를 원하느냐고 묻지 않은 것은 모든 아이가 엄마가 있는 게 아닐 수도 있고, 자칫 자신들의 엄마를 평가하거나 판단하게 될 수도 있다고 생각했기 때문입니다. 엄마가 된 미래의 자신에게 쓴 중1 소녀들의 편지입니다.

편지 1 나는 이런 엄마가 되고 싶어요

자기의 선택대로 놔둘 거예요. 좋은 길을 갈 수도 있고 나쁜 길로 갈 수도 있겠지만 그건 엄마의 눈에만 그렇고 아이에게는 다를 수 있다고 생각해요. 아이가 선택한 일에 대해 대신 책임을 져주지는 않을 거예요. 자기 인생은 자기가 만들어가야하잖아요.

그리고 저는 아침을 꼭 챙겨주고 싶습니다. 음식 솜씨가 없어서 엄청 맛있게 해주지 못하더라도 챙겨주고 싶습니다. 건강하고 든든한요리를 해주고 싶어요.

아이에게 화풀이하지 않고 자존감을 올려주고 사랑을 듬뿍 주는 엄마이고 싶습니다. 아이를 지켜줄 수 있는 엄마, 아이에게 존경받을수 있으면 좋겠습니다.

사실 바라는 건 별로 없어요. 그냥 아이가 사랑 많이 받고, 전교 몇 등 안에 든다 뭐 이런 거 없어도 되고 자기 자신이 행복하다고 느끼며 살면 좋겠어요. 그런 아이의 엄마가 되고 싶습니다.

편지 2 나는 이런 엄마가 되고 싶어요

나는 어떤 엄마가 될까? 많이 생각해보았다. 내가 엄마가 되었다고 상상해보니 아이에게 바라는 것이 많다. 공부도 잘했으면 좋겠다. 전교 1등을 하면 정말 좋겠다. 좋은 대학도 가고, 평생 부족한 거 없이 행복하게 잘 살았으면 좋겠다. 그래서 어쩌면 나도 아이가 한 개만 줄여달라고 애원을 해도 들어주지 않고 학원을 많이 보내고 아이가 친구들과 놀고 싶어 해도 친구들 놀 때 공부를 해야 이길 수 있다면서 놀지 못하게 막을 수도 있을 것 같다. 하지만 지금의 나는 친구들이 놀자고 하면 놀고 싶고, 공부도 그냥 적당히 하고 게임도 하면서 살아도 된다는 생각이다. 엄마 입장이 되어보고, 아이 입장도 되어보니 모두 이해가 되고 나도 그럴 것 같다. 엄마가 나보다 많은 것을 알고 경험했으니 엄마 말을 들어야 될 것도 같은데 그게 맘대로 안 된다는 게 문제다. 그래서 나는 엄마와 매일 싸운다. 엄마 말을 듣지 않으려 몸부림치는 나는 어떤 엄마가 되고 싶을까?

아이의 사생활을 존중해주고 엄마의 생각을 강요하지 않으면서 아이가 하고 싶은 마음이 생길 때까지 기다려주고, 만약 잘하지 못하더라도 빈정거리는 말투로 자존심을 상하게 하지 않고 잘할 수 있도록 도와주는 엄마가 되고 싶다. 하기 싫은 것을 억지로 시키면서 제대로 하지 못한다고 잔소리를 들을 때는 정말 욕이 나올 정도로 화가 나고 엄청 슬픈데, 더 속상한 것은 그게 전부 나를 위해서라고, 엄마도 힘들다고 할 때다. 내가 원한 것도 아닌데 나를 위해서 고생한다고 생색까지 낼 때는 정말 짜증이 난다.

아이가 진로를 선택할 때 도움을 주기 위해 여러 가지 체험 활동을 많이 시키고 싶다. 아이가 원하는 길을 받아들이고 옳은 것과 옳지 않은 것을 잘 구분해주고 싶다. 아이를 잘 보살피지만 집착하지는 않겠다. 지나친 관심을 주지 않고 살고 싶은 대로 살라고 할 것이다. 사랑하지 않아서가 아니라 아이의 삶을 존중해주고 싶기 때문이다.

아이가 싫어할지도 모르지만 빨래, 설거지 등 기본적인 것을 할 수 있게 해주고, 무능하지 않고 모범을 보여주는, 아이 인생에 도움이 되는 엄마가 되고 싶다. 아이 앞에서 어른이 무너지는 모습을 되도록 보여주고 싶지 않다. 아이가 나 같은 엄마가 되고 싶다는 생각을 해준다면 정말 뿌듯할 것 같다.

하지만 솔직히 자신은 없다. 매일 학원 숙제했느냐고, 하루 종일 폰만 만지고 있느냐, 시험공부는 언제 할 거냐, 방문 벌컥벌컥 열면서 청소 좀 하라고 폭풍 잔소리를 하는 엄마가 될까봐 두렵다.

엄마가 된 미래의 나에게 부탁해. 만약에 엄마가 된다면 아이에게 격려만 하는 엄마가 아니라 위로를 해주는 엄마가 되어줬으면 해. 잘하지 못해도 괜찮다고, 조금씩 자꾸 노력하다 보면 잘하게 될 거라고 말해주겠지만 자꾸 하는데도 안 되면 그때는 안아주면서 엄마도 그랬던 적 있고, 그런 적 더 많았다고 솔직히 말해줘. 노력하면 된다, 더 열심히 해보자는 말을 하지는 말아줘. 그건 최선을 다하지 않았고, 노력이 부족해서 그렇다는 말로 들릴 수 있으니까. 나는 정말 그 말을 싫어하거든. 어른들은 격려라고 생각할지 모르지만 나에게는 채찍같이 들려서 아팠거든. 그러니 그렇게 말하지 말아줘. 정말 열심히 해도 안 되는 게 있다는 거 알잖아.

잘하고 싶지 않은 사람은 세상에 없어. 공부 못해도 괜찮고, 농구 수행평가에 공을 하나도 넣지 못해도 괜찮고, 단체 줄넘기에 자꾸만 걸리고 남들 다 하는 바느질을 결국은 제출 시간 안에 끝내지 못해도 괜찮은, 그렇게 괜찮은 사람은 없잖아. 근데 다들 그런다. 왜 열심히 하지 않냐고, 왜 노력하지 않냐고. 조금 더 조금 더 조금 더 하면 될 거래. 어른들 눈에는 안 보이나 봐. 나는 한다고 하는데 그런 건 하나도 안 보이나 봐. 그러니까 미래의 나는, 엄마가 된 나는 아이의 그걸 봐줄 수 있으면 좋겠어. 격려가 필요한 것이 아니라 고생한 아이를 위해 위로가 필요한 순간이 언제인지를 알아주었으면 좋겠어. 아무리 잘할 수 있다고 격려를 해도 내 마음이 안 된다고 포기를 해버리면 그건 절대로 안 되거든. 내가 다시 뭔가를 해보고 싶은 마음이 생길 수 있게 해주고, 빨리 그렇게 되라고 재촉하지 말고 기다려 주었으면 해.

엄마가 된 내 모습을 상상해보고 엄마가 된 나에게 부탁해보니까 엄마가 된다는 건 많이 안아주고, 사랑한다 말해주고, 기다려주면 될 것 같아. 너무 많이 기대하지 말고, 자꾸 빨리 하라고 다그치지 말고, 격하게 응원 안해줘도 될 것 같아. 지금 나에게 필요한 거거든. 그러니까 미래의 내 아이도 그럴 것 같아서 부탁하는 거야.

편지 4 나는 이런 엄마가 되고 싶어요

중학교에 들어오면서 매일 학원에 가서 3시간씩 공부를 하니 너무 힘들어요. 미래의 내 아이가 중학교에 가고 시험을 치게 된다면 결과보다 과정을 중요하게 여기라고 말해주고 싶습니다. 그리고 힘들 때 버팀목이 되어주는 엄마가 되고 싶어요. 힘들고 속상할 땐 누구보다도 부모님께 위로받는 것이 가장 좋은 거 같아요.

아이에게 "잘하고 있어", "괜찮아", "그럴 수 있지." 등등 긍정적인 말을 많이 해주고 믿어주는 엄마가 되고 싶습니다. 그런 말을 들으면 마음이 안정되고 위로도 되기 때문입니다.

혼날 만한 일을 아이가 저질렀을 때는 따끔하게, 제대로 혼을 내고 나머지는 칭찬과 격려 또는 위로가 되는 말을 많이 해주고 싶습니다. 그래서 아이를 웃게 해주는 엄마가 되고 싶습니다.

아이가 친구들에게 엄마를 자랑해준다면 가장 기쁠 것 같습니다.

맛있는 치즈케이크 완성!

드디어 완성된 케이크를 오븐에서 꺼내

케이크 틀에 담긴 상태로 완전히 식혀주세요.

케이크 틀에서 분리한 뒤 냉장고에서 6시간 이상 두었다가 먹으면

환상의 맛이랍니다. 식히는 데도 기다림이 필요해요.

아이와 함께 만들어서 아이와 함께 웃으며 먹는 치즈케이크.

크림치즈, 설탕, 달걀, 생크림이면 충분한 바스크 치즈케이크 만들기.

핵심은 냉기를 뺀 재료들과 기다림.

따뜻한 기다림은 육아의 핵심이고요.

기본적인 레시피만 알고 있다면 다양한 응용이 가능해요. 밀가루나 옥수수 전분을 넣을 수도 있고, 레몬즙이나 바닐라 익스트랙을 첨가하기도 하니 취향과 필요에 따라 선택하면 되지요. 단호박 가루나 말차 가루를 더하는 등 응용은 무궁무진해요. 다이어트를 위해서는 크림치즈 대신 그릭요거트로 만들어도 되고요.

육아도 같다고 생각해요. 기다림, 소통, 믿음, 수용을 바탕으로 나와 내 아이에게 필요한 좋은 선택들을 더하면 되니까요.

'한 입 성취감'이라는 말을 자주 해요.
너무 크고 많은 시간과 노력이 필요한 목표보다
지금 당장 내가 할 수 있고, 그를 통해 얻을 수 있는
작은 성취감, '한 입 성취감'을 쌓아가는 것이 중요하다고.

엄마로서의 시간은 아이와 함께 부드럽고 맛있는 치즈케이크를 한입 먹으며 서로를 향해 치이즈~~ 하며 웃을 수 있는 일상을 만들어가는 것의 소중함을 깨닫게 된 시간이었습니다.

에필로그 　아이 눈에 나는 행복한 어른일까?

엄마는 자기를 낳고 기른 것을 후회하지 않았느냐는 딸의 질문에 당당히 대답할 수 있었습니다.

"아니."라고.

결혼하고 아이를 낳고 엄마로서 살아온 시간들은 나를 성장시키는 최고의 자기계발의 장이었다고 생각해요.

아이를 키우는 일은 힘들기도 하고 속상할 때도 많았지만 그래서 꿈을 꾸기 시작했지요. 아이들과 함께 행복하고 싶다는 꿈. 그 꿈을 이루며 살아가고 있습니다. 아이를 낳고 키워보지 않았으면 절대 알지 못했을 감정들, 힘겨움들이 있었기에 꿀 수 있었던 꿈. 누군가 나를 따뜻하게 대접해주면 좋겠다는 생각을 하고, 잘하고 있다고 다독여주고, 힘들 때 손잡아주는 사람이 있었으면 좋겠다는 그 절절함이 나를 꿈꾸게 해주었어요. 내가 지금 필요로 하는 사람은 누군가도 필요로 하는 사람일 테니 내가 그런 사람이 되자, 하고 말이지요. 그렇게 엄마의 꿈을 펼칠 장소, 밀당궁(蜜糖宮), 달콤한 집이 탄

생했습니다. 아이들과 함께한 시간들을 통해 알게 된 달콤한 집의 존재와 가치. 이제는 아이들이 떠난 그 자리에 엄마들을 초대하고 크루아상을 굽고 향기로운 커피를 마시며 잘하고 있다고, 위로하고 응원하는 시간을 함께하는 것.

엄마로 살았기에 가능한 꿈이었고, 그 꿈을 통해 나는 많이 행복합니다.

엄마로 사는 시간은 어떤 교사가 되어야 하는지 방향을 알게 해주었고 학생들과 함께 행복한 교사라 말하는 사람이 되었지요. 나의 학교를 만들고 싶다는 꿈을 꾸게 해주었고, 그 꿈 역시 《말랑말랑학교 인생 수업》을 통해 이룰 수 있었어요.

세 마리 토끼는 정말 하나였던 거죠. 나의 삶. 아이들과 함께 했던 육아의 시간도 나의 삶이었고, 솔직히 힘들었지만 행복했습니다.

이제 서로 독립한 우리는 각자의 자리에서 행복한 삶을 살아가고 있어요. 아이들만 부모로부터 독립한 것이 아니라 나 역시 아이들에게서 독립한 것이니까요. 독립 만세의 꿈을 이룬 선배로서 그대들의 '독립 만세'를 큰마음으로 응원합니다.

딸네 집은 조식이 제공되지 않는 호텔

"엄마가 당당해야
아이도 당당하다!"